化妆品科学认知及生产工艺研究

唐 婧 著

延边大学出版社

图书在版编目（CIP）数据

化妆品科学认知及生产工艺研究 / 唐婧著. -- 延吉：
延边大学出版社, 2023.8
ISBN 978-7-230-05409-6

Ⅰ. ①化… Ⅱ. ①唐… Ⅲ. ①化妆品－生产工艺
Ⅳ. ①TQ658

中国国家版本馆CIP数据核字(2023)第159513号

化妆品科学认知及生产工艺研究

著　　者：唐　婧
责任编辑：娄玉敏
封面设计：文合文化
出版发行：延边大学出版社
社　　址：吉林省延吉市公园路977号　　　　邮　　编：133002
网　　址：http://www.ydcbs.com　　　　　　E-mail：ydcbs@ydcbs.com
电　　话：0433-2732435　　　　　　　　　传　　真：0433-2732434
印　　刷：三河市嵩川印刷有限公司
开　　本：787×1092　1/16
印　　张：11.5
字　　数：200 千字
版　　次：2023 年 8 月 第 1 版
印　　次：2024 年 1 月 第 1 次印刷
书　　号：ISBN 978-7-230-05409-6

定价：65.00元

前　　言

　　化妆品科学理论早期是建立在化学学科基础上的，如有机化学、无机化学、物理化学、分析化学等。后来，随着化妆品工业的发展和人们生活水平的提高，人们不仅对化妆品的需求量与日俱增，而且对化妆品的质量、作用和安全性等方面的要求也越来越高。因此，现代化妆品的研究必然涉及各类学科知识，如胶体化学、界面化学、生物化学、化工机械、自动控制、皮肤生理学、药理学、毒理学、微生物学、色彩学、美学、心理学、管理科学等，可以认为，现代化妆品科学是一门交叉了多种学科理论的综合性学科。

　　化妆品的生产工艺和采用的设备，直接关系到产品的物理性质和使用性能。一般来说，化妆品生产技术有其自身的工艺特点。化妆品是用多种不同作用的原料，按照各种配方，经化学及物理变化过程制成的。因此，在化妆品的生产过程中，要采用先进的工艺和设备，实施先进的配方技术，保证产品的质量。

　　本书共八章。第一章系统阐述了化妆品的相关知识；第二章至第六章重点对不同类型的化妆品配方及生产工艺进行了深入研究，包括液态类化妆品、乳霜护肤类化妆品、彩妆类化妆品、面膜类化妆品、气雾剂及有机溶剂类化妆品等；第七章讨论了当前化妆品的创新营销策略；第八章则分析了化妆品生产的监督管理规范，力图保证化妆品的质量，规范化妆品行业的生产及运营状况。

　　本书在写作过程中参考了众多专家的研究成果，在此表示诚挚的感谢！由于时间和精力的限制，再加上笔者水平有限，本书内容可能存在疏漏之处，恳请广大读者予以批评指正，以便后期修改及完善。

唐婧

2023 年 7 月

目　　录

第一章 化妆品概述

第一节 化妆品基础知识

一、化妆品的内涵

在希腊语中，化妆的含义是指"装饰的技巧"，若按照词义解释，化妆品就是为"修饰"和"妆扮"而使用的制品。目前，虽然国际上对化妆品尚无统一定义，但各国对化妆品的定义大同小异。

美国食品药品监督管理局对化妆品的定义：化妆品是指用涂抹、散布、喷雾或其他方法用于人体的物品，能起到清洁、美化、促使有魅力或改变外观的作用。

日本《药事法》对化妆品的定义：化妆品指以涂搽、喷洒或类似方式应用于人体，以达到清洁、美化、增加魅力、改变容颜、保持皮肤和头发健康，对人体具有轻微作用的产品。

我国《化妆品监督管理条例》中将化妆品定义为：化妆品是指以涂擦、喷洒或者其他类似方法，施用于皮肤、毛发、指甲、口唇等人体表面，以清洁、保护、美化、修饰为目的的日用化学工业产品。此定义分别从化妆品的使用方式、施用部位及化妆品使用目的三方面对化妆品进行了较为全面的概括。

二、化妆品的分类

化妆品品种繁多，形态交错，很难科学、系统地对其进行分类。目前，我国对化妆品尚无统一的分类方法，其他国家的分类方法也不尽相同，不同的分类方法有各自不同的优缺点。下面介绍几种常用的分类方法。

（一）按国家法规分类

依据《化妆品监督管理条例》，我国将化妆品分为两大类：特殊化妆品和普通化妆品。用于染发、烫发、祛斑美白、防晒、防脱发的化妆品以及宣称新功效的化妆品为特殊化妆品。特殊化妆品以外的化妆品为普通化妆品。

国务院药品监督管理部门根据化妆品的功效宣称、作用部位、产品剂型、使用人群等因素，制定、公布化妆品分类规则和分类目录。

（二）按化妆品的功用分类

化妆品按其功用不同可分为五类：①清洁类化妆品：主要有洗面奶、沐浴露、洗发香波、洗手液等。②护理类化妆品：主要有化妆水、护肤霜、面膜、发乳、焗油膏等。③营养类化妆品：主要有营养面霜、营养面膜等。④美容类化妆品：主要有粉底霜、唇膏、胭脂、眼影、指甲油、烫发剂、染发剂等。⑤特殊功能化妆品：此类化妆品是指具有特定功能的一类化妆品，除了我国《化妆品监督管理条例》中规定的特殊化妆品，抗痤疮类、延缓皮肤衰老类、去除红血丝类等化妆品也可概括在此类产品中。

（三）按化妆品的使用部位分类

根据使用部位的不同，可将化妆品分为肤用化妆品、发用化妆品、唇眼用化妆品、指甲用化妆品及口腔用化妆品五类。

（四）按化妆品的剂型分类

根据剂型或外观形态的不同，可将化妆品分为乳剂类化妆品、油剂类化妆品、水剂类化妆品、凝胶类化妆品、粉状化妆品、块状化妆品、膏状化妆品、气雾剂化妆品、笔状化妆品、锭状化妆品等。

（五）按国家标准分类

依据国家标准《化妆品分类》（GB/T18670—2017），可将化妆品分为清洁类化妆品、护理类化妆品及美容/修饰类化妆品三大类，具体介绍如下。

1.清洁类化妆品

清洁类化妆品按使用部位不同又可分为以下四类：①皮肤类：主要有洗面奶、卸妆油、面膜、沐浴液、洗手液、洁肤啫喱、洁面粉等。②毛发类：主要有洗发液、洗发膏、洗发露、剃须膏等。③指（趾）甲类：如洗甲液。④口唇类：如唇部卸妆液。

2.护理类化妆品

护理类化妆品按使用部位不同又可分为以下四类：①皮肤类：主要有护肤膏霜、乳液、啫喱、面膜、化妆水、花露水、痱子粉、爽身粉、润肤油、按摩油等。②毛发类：主要有护发素、发乳、发油/发蜡、焗油膏、发膜、睫毛基底液、护发喷雾等。③指（趾）甲类：主要有护甲水、指甲硬化剂、指甲护理油等。④口唇类：主要有润唇膏、润唇啫喱、护唇液（油）。

3.美容/修饰类化妆品

美容/修饰类化妆品按使用部位不同又可分为以下四类：①皮肤类：主要有粉饼、粉棒、香粉、胭脂、眼影、眼线笔、眉笔、香水、粉底霜等。②毛发类：主要有定型摩丝、发胶、啫喱、染发剂、烫发剂、睫毛膏、生发剂、脱毛剂等。③指（趾）甲类：如指甲油。④口唇类：主要有唇彩、唇线笔、唇油、唇釉、染唇液。

三、化妆品的质量特性

化妆品是人们日常生活使用的一类消费品，除满足有关化妆品法规的要求外，还必须满足以下基本特性。

（一）高度的安全性

化妆品是与人体直接接触的日常生活用品，使用群体广泛，使用周期较长，长时间地停留在皮肤、毛发、口唇等部位。因此，防止化妆品对人体产生危害，保证化妆品长期使用的安全性是极为重要的。高度的安全性是化妆品的首要特性。

（二）相对的稳定性

化妆品应具有一定的稳定性，即在一段时间内（保质期内）的储存、使用过程中，即使在气候炎热或寒冷的环境中，化妆品也能保持其原有的性质不发生改变。

大多数化妆品属于胶体或粗分散系，尽管体系中存在乳化剂，但也始终存在着分散与聚集两种相互对峙的倾向，因此化妆品的稳定性只是相对的，不可能永久稳定。对一般化妆品来说，在2~3年内保持稳定即可。

（三）使用的舒适性

化妆品与药品不同，除要求其安全、稳定外，还需要有良好的感官效果，既要有适宜的颜色和香气，还应使用舒适，使消费者乐于使用。但不同消费者对于化妆品的使用感觉并不完全相同，所以产品只要能够满足大多数人群的需求即可。

（四）一定的有效性

与药品不同，化妆品的使用对象是健康人，其有效性主要依赖于配方中的活性物质及配方基质。每类化妆品都有其相应的作用，如清洁、保湿、防晒、美白、延缓皮肤衰老等。因此，化妆品应充分体现出与其标明的功效相符合的特性。

四、化妆品原料分析

化妆品的特性和品质在一定程度上取决于原料,化妆品原料按性质和用途分为基质原料和辅助原料两大类。

（一）基质原料

基质原料是根据化妆品类别和形态要求，赋予产品剂型特征的组分，是化妆品配制必不可少的原料。基质原料主要有油性原料、粉质原料、胶质原料、溶剂原料、表面活性剂等。

1.油性原料
油性原料是化妆品的主要基质原料，主要有油脂和蜡类，高级脂肪酸类、高级脂肪醇类和酯类等。

（1）油脂和蜡类

油脂和蜡类是组成膏霜、唇膏、乳液类等化妆品的油性基质原料，主要是动植物油脂、矿物油脂、合成油脂、动植物蜡类、矿物蜡类、合成蜡类等。

动植物油脂和动植物蜡类是化妆品中最为常用的一类安全性较高的油性原料，常见的有橄榄油、茶籽油、椰子油、蛇油、马油、巴西棕榈蜡、蜂蜡等。其中，橄榄油是较为常用的植物油脂，是发油、防晒油、唇膏和 W/O（油包水）型霜膏的重要原料；巴西棕榈蜡是化妆品原料中硬度最高的一种蜡类原料，主要用于提高制品的耐热性、韧性和光泽度，在唇膏、睫毛膏等化妆品中较为常见；蜂蜡又称蜜蜡，是构成蜂巢的主要成分，配伍性好，是乳液类化妆品中的油相组分，也起助乳化作用，在唇膏、发蜡、油性膏霜等制品中较为常见。

矿物油脂和矿物蜡类是指以石油、煤为原料精制得到的蜡性组分，该类原料性质稳定，价格较低，常用的有液状石蜡（白油）、凡士林等。

合成油脂和合成蜡类通常是通过各种油脂或原料，改性得到的油脂和蜡类，常用的有羊毛脂衍生物、硅油衍生物等。

（2）高级脂肪酸类、高级脂肪醇类和酯类

高级脂肪酸、脂肪醇是动植物油脂和蜡类的水解产物，脂肪酸酯类则是高级脂肪酸人工酯化后的产物。其中，高级脂肪酸和脂肪醇是各种乳液和膏霜的重要原料，脂肪酸酯则常用于代替天然油脂，赋予乳化制品特殊功能，也是脂溶性色素和香精的溶剂。部分脂肪酸酯还具有优良的表面活性。

2.粉质原料

粉质原料是爽身粉、香粉、粉饼、胭脂、眼影等化妆品的基质原料，主要起遮盖、滑爽、附着、摩擦等作用。此外，它在芳香制品中也用作香料的载体，在防晒化妆品中用作紫外线屏蔽剂。

常见的粉类原料有滑石粉、高岭土、钛白粉、云母粉等。滑石粉的延展性为粉体类中最佳，但吸油性及吸附性稍差，多用在香粉、爽身粉中；高岭土对皮肤黏附性好，具有抑制皮脂及吸收汗液的功能，在化妆品中与滑石粉配合使用，能起到缓和及消除滑石粉光泽的作用，是制造香粉、粉饼、水粉、胭脂、粉条及眼影等制品的常用原料；钛白粉的遮盖力是粉末中最强的，且着色力也是白色颜料中最好的，又因为对紫外线透过率最小，所以常用在防晒化妆品中，也可作香粉、粉饼、粉条、粉乳等产品中重要的遮盖剂。

3.胶质原料

胶质原料主要是水溶性高分子化合物,又称水溶性聚合物或水溶性树脂。化妆品所用的天然胶质原料有淀粉、植物树胶、动物明胶等,这类天然化合物易受气候、地理环境的影响,质量不稳定。近年来,合成高分子化合物被大量使用,如聚乙烯醇等。

4.溶剂原料

溶剂是液状、浆状、膏状化妆品(如香水、花露水、洗面奶、雪花膏及指甲油)配方中不可或缺的一类成分,主要起溶解作用,使制品具有一定的物理性能和剂型。化妆品中溶剂原料主要包括水、醇类和酮、醚、酯类及芳香族有机化合物等。

5.表面活性剂

这是化妆品的重要组分之一,对化妆品的形成、理化特性、外观和用途都有着重要作用。它的主要作用有乳化作用、增溶作用、分散作用、起泡作用、去污作用、润滑作用和柔软作用等。

(二)辅助原料

辅助原料对化妆品的色、香和某些特性起作用,一般用量较少,但也有重要作用,主要有色素、香精、防腐剂等。

1.色素

色素也称着色剂,是彩妆类化妆品的主要成分,主要有有机合成色素、无机颜料、天然色素和珠光颜料四类。

2.香精

香精由香料调配而成,赋予化妆品舒适的气味。香精的选择不仅影响制品的气味,还可能产生刺激性、致敏性等问题,并有可能影响产品的稳定性,因此在配制时需要考虑香精的物理、化学和毒理性质。

3.防腐剂

在化妆品中添加防腐剂,其作用是使化妆品免受微生物的污染,延长化妆品的寿命,确保其安全性。《化妆品安全技术规范》对化妆品组分中限用防腐剂的最大允许浓度及限用范围和必要条件都有明确的规定。

第二节　化妆品的起源与发展

一、国内外化妆品的起源与发展

化妆品的发展与世界文明的发展相伴随。研究发现，人类早在几千年前就已经拥有化妆品的简单应用知识，如用黄瓜汁、丝瓜汁等涂搽皮肤，用红花抹腮，用指甲花染指甲、染发等。

（一）国外化妆品的起源与发展

西方学者认为，古代化妆品的出现源于宗教风俗，可追溯到 4 000 多年前，当时古埃及人在宗教仪式上利用熏香来供奉神灵，用动植物混合油脂涂抹皮肤。

约从公元前 5 世纪开始，埃及人利用蜂蜜、牛奶和植物粉末制成浆，用动物、植物油脂和蜂蜡制成护肤霜，用指甲花、焙烤过的五倍子和铁片制作染发剂。公元前 4 世纪，古希腊文明更为突出，有"医学之父"之称的希波克拉底使医学从巫术、迷信和宗教中解脱出来，提倡正确饮食、运动、沐浴阳光，特别是沐浴和按摩有助于身体健康和保持容貌。

2 世纪，名医盖伦（Claudius Galenus）制备出冷却油膏、冷霜。当时罗马男士喜爱蒸汽浴、涂油、按摩、喷香水，女士喜欢在家美容。除家庭美容外，香水商店也销售药膏、液体和粉末化妆品，理发店为男士提供剪发、剃须、按摩、脱毛、造型、指甲抛光等服务。5 世纪 30 年代，印度已使用膏霜、油、美容化妆品及染发剂等。到了 7 世纪，印度人用朱砂和其他着色剂与蜡混合涂面，用杏仁浆代替肥皂清洁身体，在宗教和社交场合使用香水。

文艺复兴时期，法国人建议将化妆品从医药中分离出来，化妆品和香料在此时期获得很大发展。当时，法国人将头发浸入苏打水（碳酸氢钠的水溶液）或明矾（十二水硫酸铝钾）溶液中，然后在日光下晒干，达到漂白头发的目的。在英国，面部美容粉由铅白组成，有时混入纯汞和研细的菖蒲根；胭脂由红色赭石、朱砂等组成。

17 世纪，化妆品仍然处于开业医生的监管之下，人们认为真正的美丽源于健康的身体。这一时期,蒸馏方法的改进使精油知识有所发展,染料、油脂、肥皂和其他物料被用于化妆品的制作。17 世纪末,法国已建立了兴旺的植物香料工业,调香师成为独立职业。

19 世纪初,英国、美国不赞成人工美容,除了在舞台上,女士平时使用胭脂、面扑粉和唇膏都被视为不道德。然而,法国提倡发展化妆品制造,法国女士很早就开始使用化妆品。

20 世纪,化妆品的发展主要体现为以下几个方面:

(1)美发产品。伦敦于 1905 年发明了热烫发法,通过硼砂溶液使头发软化,然后用热铁棒(后来用电加热)使头发成型,这种烫发方法费时且麻烦。20 世纪 30 年代,冷烫发法出现,该法只需 10 分钟就能将直发卷曲,而且冷烫后的效果优于热烫法。同时,染发产品在这一时期也取得了较大的发展。第二次世界大战前,染发的目的主要是掩盖白发、灰发,二战后染发产业不断发展,既有经一次洗涤就可洗掉的暂时染发剂,也有可耐约 6 次洗涤的半暂时性染发剂。能产生天然色调的氧化型合成染料使染发剂工业进一步发展,这类氧化型染发剂不褪色,效果至少保持 1 个月直至发根处重新长出白发。染发剂的色调也多种多样,染发颜色随潮流而变化。

(2)防晒产品。随着人们对紫外线引起皮肤癌和皮肤老化认识的加深,防晒产品不断出现。1928 年,第一个防晒产品在美国销售,防晒成分是肉桂酸苄酯和水杨酸苄酯。第二次世界大战期间,人们发现了更为有效的化学和物理防晒剂。

(3)彩妆。该时期,人们将唇膏和指甲油的色调与流行潮流相匹配,色调范围由原来的浅调、中等调、深色调扩展到符合每年潮流的多彩色调。

此外,20 世纪 20 年代后,一些著名的化妆品企业陆续出现,极大地推动了化妆品行业的发展。

(二)我国化妆品的起源与发展

我国化妆品最早出现于殷商时期。"纣烧铅作粉"涂面美容的记载,说明铅粉在商朝时期已经作为化妆品开始使用。铅粉是最早的人造颜料之一,但由于铅粉容易硫化变黑,因此米粉作为化妆用粉在当时更为常用,米粉是米粒研碎后加入香料制成的。该时期还有一种用水银制作的"水银腻",这些白粉涂在肌肤上,能使肌肤洁白柔嫩,当时有"白妆"之称。殷商末期,胭脂的出现使得当时女性的面部已经有了"色彩",如《中华古今注》记载："燕脂起自纣，以红蓝花汁凝作之。调脂饰女面，产于燕地，故名燕脂"。商周时期，化妆以宫廷内部多见，直到春秋战国之际，化妆才在平民女性中逐渐流行。

秦汉时期，面脂已经成为化妆品的一种剂型，当时中医美容学理念既重视美容化妆，更重视内服调治，重在药物美容，辅以食疗。

北魏贾思勰《齐民要术》中载有燕脂法、合面脂法、做紫粉法、做米粉法等多种化妆品的加工配制方法。到了南宋，"杭粉"久负盛名，杭州成为化妆品生产的重要基地。清道光十年（1830年），谢宏业在扬州创建了谢馥春号，主要生产宫粉、水粉、胭脂、桂花油等。清同治元年（1862年），孔传鸿在杭州创建了孔凤春香粉号，主要生产鹅蛋粉、水粉、扑粉、雪花粉等。

进入20世纪，我国化妆品工业有了长足的发展。1905年，广生行在香港建立，这是我国率先从作坊生产发展到采用机械化生产的化妆品工厂，随后广生行又陆续在上海、广州、营口等地建厂，生产"双妹牌"雪花膏，以及如意油、如意膏等产品。1911年，中国化学工业社在上海建立；1913年，中华化妆品厂也在上海建立；1941年，上海明星花露水厂在上海成立。我国的化妆品工业逐渐形成了一定的规模。

中华人民共和国成立后，各地相继建起了一些化妆品厂。由于当时化妆品仍被视作一种奢侈品，所以化妆品工业发展十分缓慢，市售化妆品主要是一些基本护肤品，如雪花膏、香脂、蛤蜊油、洗头膏、花露水等。

改革开放后，随着人们生活水平的不断提高，化妆品从奢侈品逐步转变为人们日常生活必需品。国外著名化妆品企业在上海、广州、北京等地建立了合资化妆品企业。国内化妆品厂也如雨后春笋般在我国沿海城市建立，仅从1985年到1996年，中国化妆品工业总产值就增长了20余倍，并每年仍以较快的速度增长，中国化妆品产业孕育着无限的生机。然而，随着诸多国际化妆品企业进入中国市场，仅仅几年时间，它们便占据了中国化妆品高端市场的绝大部分份额，尚处于初级阶段的中国化妆品行业面临巨大的挑战。

二、化妆品产业的发展趋势

（一）化妆品原料力求天然、安全、环保

追求天然、安全、环保是化妆品生产不变的主题。化妆品原料根据来源不同，可分为天然原料与合成原料两类。

（1）天然原料。天然动植物提取物因使用安全，越来越受到消费者的青睐。利用现代化妆品配方技术，将天然动植物提取物添加到化妆品中，在确保化妆品安全性的同时，能够赋予化妆品特定的功能，尤其是将中草药应用于化妆品，符合当今世界化妆品的发展潮流，对我国化妆品产业的发展将起到积极的推动作用。目前，已经有许多不同功用的天然动植物提取物被用于化妆品中，如海藻提取物、植物水解蛋白、天然透明质酸、芦荟提取物、槐米提取物、苦丁茶提取物、蜂蜜提取物等。

（2）合成原料。天然原料提取物虽然具有使用安全性和环境友好性，但也存在一些应用局限，因此现今化妆品配方原料用量较大的还是化学合成原料，但这类原料在合成过程中力求安全、环保。近年来，一些表面活性剂是以天然产物为原料，采用清洁化工艺生产而得的，对环境与人体均十分安全且性能理想，如烷基多苷、葡糖酰胺、醇醚羧酸盐等。此外，许多化学工作者将天然原料进行合理改性，使改性后的原料既保持其原有的优势，又克服了自身的不足。

（二）品种细分化、赋予功能化、趋向生物化

现代化妆品必须突出功能性和个性化，这样才能在激烈的市场竞争中取胜。为此，化妆品品种进一步细分，针对不同年龄、不同性别、不同使用时间、不同肤质，以及适应体育运动和旅游的化妆品应运而生。同时，随着人们皮肤保健意识的逐渐增强，人们对化妆品的性能提出了更高的要求，除了要求产品使用必须安全且具有美容、护肤等基本作用，还要求其具有营养皮肤、延缓衰老、防治某些皮肤病等的功效。美白、防晒、抗衰老化妆品一直是消费者及化妆品生产企业所关注的热点。

另外，生物技术的发展也极大地推动了化妆品科学的发展。人类可以利用仿生的方法，设计和制造一些生物技术制剂，发挥其抗衰老、美白、防晒及促进皮肤组织修复等特定疗效，如透明质酸、超氧化物歧化酶及聚氨基葡萄糖等生物制品已在化妆品中得到

了日益广泛的应用。

（三）新型科技对行业产生重大影响

高科技手段为化妆品品质的全面提升提供了多种可能,如脂质体技术、微胶囊技术、纳米技术、微乳技术等逐步应用到化妆品中,随着这些技术的不断完善,化妆品的品质也会全面提升。此外,细胞及基因调控技术、3D 皮肤模型评价技术等新技术已经逐渐应用到化妆品行业中,将成为化妆品技术的发展趋势。大数据、互联网技术、人工智能、3D 打印及虚拟现实等技术已经开始改变一部分消费者的购物习惯,终将对化妆品行业的供应链模式、销售渠道及品牌营销等产生巨大影响。

第三节　化妆品的保管与养护

化妆品在储存和使用时可能因环境作用而发生各种质量变化,化妆品的质量变化是一个从量变到质变的过程,因此化妆品养护工作必须坚持以防为主。针对不同化妆品的性质、特点,采取不同措施,以防变质。

一、化妆品保管的注意事项

（一）防污染

化妆品中虽然都添加有防腐剂以防产品受污染变质,但仍不能杜绝其中有细菌伤害皮肤,因此为避免细菌入侵,使用产品前要洗手,使用时最好避免直接用手取用,而应用压力器或其他工具(如消毒化妆棒)取出,使用后一定要及时旋紧瓶盖,防止在使用过程中细菌侵入繁殖,使化妆品氧化或增加含菌量。大包装化妆品打开后分出一部分装在容积小的器具中,其他部分应重新封存。

化妆品一旦取用,如面霜、乳液,就不能再放回瓶中,以免污染,可将过多的化妆品抹在身体其他部位。

与别人共用化妆品会增加感染结膜炎、流行性感冒的危险,尤其不要和别人共用口、眼部彩妆品。不要在化妆品中掺水,否则防腐剂会被稀释,加速变质。

(二)防晒

阳光或灯光直射,会使化妆品水分蒸发,某些成分失去活力,以致老化变质;阳光中的紫外线有一定的穿透力,容易使化妆品中的油脂和香料产生氧化现象、破坏色素,使其效果降低。所以,化妆品应避光保存,不要放在室外、阳台、化妆台灯旁边等处。

同理,在购买化妆品时,不要取橱柜里展示的样品,因其长期受橱柜内灯光的照射,容易或已经变了质。

(三)防热

高温会破坏化妆品中的化学物质,因此用完要旋紧瓶盖,以防化妆品氧化、蒸发、变质。存放化妆品的地方的温度应在35℃以下。温度过高会使化妆品的乳化体遭到破坏,造成脂水分离,粉膏类化妆品干缩,最终使化妆品变质失效。

(四)防冻

温度过低会使化妆品中的水分结冰,乳化体遭到破坏,融化后质感变粗变散,失去化妆品原有的效用,对皮肤产生刺激。

(五)防潮

潮湿的环境是微生物繁殖的温床,过于潮湿的环境会使含有蛋白质、脂质的化妆品中的细菌加快繁殖,发生变质。也有的化妆品的包装瓶或盒盖是铁制的,受潮后容易生锈,腐蚀瓶内膏霜,使之变质。因此,化妆品应放在通风干燥的地方保存。

(六)合理摆放

一般化妆品若是在原封包装状态下,可以保存3~5年。但在开封后,由于受到光线、皮肤油脂、灰尘等的污染,化妆品的保存期会大幅度缩短。例如,指甲油、睫毛膏等高消耗品，一般在开封后 6 个月内就会变质。因此，暂时不用的物品，最好放在抽屉内，不要放在室外、阳台、化妆台灯旁等处。若坚持存放在冰箱里，则要放在最下层的蔬果区，而且千万不要频繁地拿进拿出。护肤品的维生素 C 等成分尤其容易氧化或受温度影响，更要趁着新鲜的时候使用。

（七）注意保质期

注意化妆品的保存期限。一般化妆品的保存期限为 1 年，最长不超过 2 年，不宜长期存放，以免失效。大部分化妆品上都会标明生产日期，购买前要认真阅读。确认美容用品的保存期限，一般来说是从制造日期算起。但是有许多品牌都是以批号代替出厂日期，应该如何判断呢？最简单的方法是在购买时请教专柜人员。专柜人员是厂家的代表，会尊重消费者的利益并维护企业形象，他们会告诉消费者如何根据批号辨识制造日期，确保产品的新鲜度，这是避免购买过期产品和水货的最佳方法。

另外，有信誉、口碑好的企业，会有完善的回收制度，将过期的产品回收销毁。因此，选择值得信赖的品牌也是一种好办法。

不同化妆品使用的安全期限及储存方式也不相同，通常来说：

（1）睫毛膏，室温储存，打开使用 3～6 个月，或一旦开始变浓或结块就扔掉。

（2）眼影，室温储存，霜状眼影的期限为 1～2 个月，或一旦开始变浓或结块就扔掉。

（3）眼线笔，室温储存，液状眼线笔可存放 3～6 个月，一般眼线笔可存放 10 余年。

（4）粉底，用过 1～2 年后硬化、变色或发出异味，表示其中的油脂成分腐坏，不宜再用。室温储存或储存在冰箱里，要避免日光照射。

（5）乳液，可使用 2～3 年，一旦发出异味就表示变坏，可存放于室温下或冰箱中。

（6）香水，可存放 1 年左右，或当香味变淡、发出酸味时，不应再用，室温储存即可。

（7）口红，由蜡制成，可使用数年，最好储存在冰箱或避开阳光与高温处。由于口红会从空气中吸收水分，因此可能长霉。

保存化妆品时，还要注意防摔、防漏气、防变味、防倾斜等。

二、化妆工具的清洁

化妆尤其是化彩妆，需要用的化妆工具繁多。化妆工具一旦启用，便会随着时间的流逝而变脏。如果不进行清洁，不仅会缩短使用寿命，影响化妆效果，而且容易使肌肤感染细菌，让皮肤变得粗糙。

（一）粉扑与海绵

粉扑或海绵脏得很快，平时最好准备两个以上，以便交替使用。对于颜色深浅不同的散粉（粉底），应使用不同的粉扑或海绵。用过一段时间后，就用中性洗剂或肥皂搓洗，置于通风处晾干。粉底通常含有较多油分，所以使用分解油分的洗洁精也不错。

（二）刷具

人们一般用动物毛来制造刷具，所以洗刷具跟洗头发的方式很相似。先以 3：7 的比例调和洗发水和自来水，然后将刷具按顺时针方向在水盆里搅动，并稍作挤压或在手背上转动，使刷毛更为干净。用清水漂洗干净后，用适量护发素加水浸泡两分钟，最后置于通风处晾干。晾干时注意不要直放刷子，以免刷毛因地心引力散开、变形。

（三）睫毛夹

先夹弯睫毛，再刷上睫毛膏，这样才不容易弄脏睫毛夹。两块与眼睫毛接触的橡胶是睫毛夹最易脏的部位，它的清洁方法很简单，每次使用之后用酒精棉擦干净即可。

（四）化妆包与化妆箱

如果直接用水擦拭，化妆包会因受潮而变形，正确的方法是使用酒精棉。化妆盒的外表和边缘地带，都是清洁的重点。

第二章 液态类化妆品配方及生产工艺

第一节 化妆水配方与生产工艺

一、化妆水配方设计原则

化妆水是一种黏度低、流动性好的液体化妆品，大部分有透明的外观。化妆水大多数是在洗面洁肤之后，化妆之前使用。其首要目的是给洗净后的皮肤补充水分，使角质层柔软，其次具有抑菌、收敛、清洁、营养等作用，即提供润肤、收敛、柔软皮肤的作用。

化妆水在配方设计时应注意要保湿效果好，成分安全，无刺激。保湿无疑是消费者在挑选化妆水时首先考虑的问题，一瓶好的化妆水必然有好的保湿作用。化妆水要成分安全，尽量不含香料和酒精，因为这两种成分都可能引起过敏现象。含有植物成分的化妆水相对会比较安全，金盏花、金缕梅等成分可以替代酒精，起到收敛的功效，而含有玫瑰、橙花等成分的化妆水有美白的功效。

化妆水配方中，水的含量占一半以上，有时可高达90%，因此对水质的要求较高，同时应避免微生物的污染，选用适宜的防腐剂。

二、化妆水的分类

化妆水种类繁多，其使用目的和功能各不相同。根据不同的分类方法，有不同类型的化妆水。

（一）按外观形态分

按外观形态，化妆水可分为透明型、乳化型和多层型三种。

透明型化妆水有增溶型和赋香型，在体系中香料和油溶性成分呈胶束溶解，这一形式较为流行。

乳化型化妆水含油量多，润肤效果好，又称为乳白润肤水。其关键是化妆水产品中含的粒子微细，具有灰至青白色半透明的外观，粒子粒径一般要求小于 150 nm。

多层型化妆水是粉底与化妆水相结合的产物，具有水型化妆水的性质，又具有粉底的特征。因此，多层型产品除具有保湿、收敛功效外，还具有遮盖、吸收皮脂、易分散的特点，尤其在夏季使用具有清爽、不油腻的效果，且体现化妆打底的作用，又能防水、防紫外线，提高美容效果。在多层化妆水中，油分、保湿剂、水等分层，使用时摇匀，其性质处于化妆水和乳液之间，还可用炉甘石、氧化锌、皂土等粉末与樟脑等配合，如炉甘石蜜露产品，用于减轻夏日经日晒皮肤的灼热感。

（二）按使用目的和功能分

按使用目的和功能，化妆水可分为收敛型、洁肤型、柔软和营养型以及其他类型化妆水。

收敛型化妆水又称为收缩水、紧肤水，为透明或半透明液体，呈微酸性，接近皮肤的 pH 值，适合油性皮肤和毛孔粗大的人群使用；配方中通常含有某些作用温和的收敛剂，如苯酚磺酸锌、硼酸、氯化铝、硫酸铝等，用来抑制皮肤分泌过多的油分，收缩毛孔，使皮肤显得细腻；配方中还含有保湿剂、水和乙醇等，现也常添加具有收敛、紧肤和抑菌作用的各种天然植物提取物；除具有舒爽的使用感外，还有防止化妆底粉散落的作用。从化学角度讲，收敛作用是由酸以及具有凝固蛋白质作用的物质表现出来的特性，是收敛剂作用于蛋白质而发挥出的功效。从物理角度讲，冷水和乙醇的蒸发热导致皮肤的暂时性温度降低，具有清凉感；薄荷醇等清凉型香料也具有清凉、杀菌的效果。

洁肤型化妆水一般由水、酒精和清洁剂配制而成，呈微碱性；除具有使皮肤轻松、舒适的作用外，对简单化妆品的卸妆等还具有一定程度的清洁作用。它一般配有大量的水，含有亲水亲油性的醇类、多元醇和酯类以及溶剂等，还常添加一些对皮肤作用温和的表面活性剂以提高清洁力。近年来，新开发的粉底化妆品大多对皮肤附着性较好，如果不使用专用的洁肤化妆水则难以卸妆彻底。因此，与普通化妆水相比，洁肤化妆水通常为弱碱性，并倾向于使用醇类和温和的非离子型、两性离子型表面活性剂，有时添加水溶性聚合物增稠或制成凝胶型制剂。

柔软和营养型化妆水是以保持皮肤柔软、湿润、营养为目的，能够给角质层足够的水分和少量润肤油分，并有较好的保湿性，一般呈微碱性，适用于干性皮肤。其配方中的主要成分是滋润剂，如角鲨烷、霍霍巴蜡、羊毛脂等，还添加了适量的保湿剂，如甘油、丙二醇、丁二醇、山梨醇等，也可加入少量表面活性剂作为增溶剂，以及少量天然胶质、水溶性高分子化合物作为增稠剂，有时还添加少量温和杀菌剂，达到抑菌作用。

其他类型的化妆水，如平衡水，其主要成分是保湿剂（如甘油、聚乙二醇、透明质酸、乳酸钠等），并加入对皮肤酸碱性起到调节作用的缓冲剂（如乳酸盐类），主要作用是调节皮肤的水分及平衡皮肤的 pH 值，是化妆美容中常使用的一种液状化妆品。

三、化妆水配方组成

化妆水的主要成分是保湿剂、收敛剂、水和乙醇，有的还添加少量具有增溶作用的表面活性剂，以降低乙醇用量，或制备无醇化妆水。此类产品在制备时一般不需经过乳化，其主要原料组成如表 2-1 所示。化妆水配方实例如表 2-2 所示。

表 2-1　化妆水主要原料组成

结构成分	主要功能	代表性原料
保湿剂	滋润皮肤、保湿	丙二醇、甘油、聚乙二醇等多元醇类；也可以选择透明质酸、吡咯烷酮羧酸等氨基酸类
营养剂	润肤、护肤	β-葡聚糖等多糖类
黏度调节剂	调节产品的流变性和黏度，提高产品稳定性	汉生胶（也叫黄原胶）、羟乙基纤维素等
醇类	增溶、收敛、杀菌	乙醇、异丙醇
增溶剂	溶解原料	亲水性强、HLB 值（亲水亲油平衡值）高的非离子表面活性剂，如聚氧乙烯、油醇醚等
缓冲剂	调节产品的 pH 值（平衡皮肤的 pH 值）	柠檬酸、乳酸、乳酸钠等

结构成分	主要功能	代表性原料
防腐剂	使对微生物稳定	羟苯甲酯、咪唑烷基脲、碘丙炔醇丁基氨甲酸酯、苯氧乙醇等
螯合剂	螯合金属离子,防止产品因金属离子导致的变色、褪色,对防腐剂有协同增效作用	EDTA-2Na
着色剂	赋予产品颜色	各种化妆品允许使用色素

表 2-2　化妆水配方实例

原料名称	添加量/%	作用
丁二醇	3.00	保湿剂
甘油	4.00	保湿剂
海藻糖	2.00	保湿剂
汉生胶	0.05	黏度调节剂
α-甘露聚糖	3.00	保湿剂
燕麦 β-葡聚糖	2.00	营养剂
防腐剂	适量	防腐剂
香精	适量	调香
去离子水	加至 100	溶剂

四、化妆水生产工艺

化妆水的制法比较简单,一般采用间歇制备法。具体是:将水溶性的物质(如保湿剂、收敛剂及增稠剂等)溶于水中,将滋润剂(油、脂等)以及香精、防腐剂等油溶性成分和增溶剂等溶于乙醇中(若配方中无乙醇,则可将非水相成分适当加热熔化,加水混合增溶),在不断搅拌下,将醇溶性成分加入水相混合体系中,在室温下混合、增溶,使其完全溶解,然后加入色素调色,调节体系 pH 值;为了防止温度变化引起溶解度较低的组分沉淀析出,过滤前尽量经 $-10 \sim -5℃$ 冷冻,平衡一段时间后(若组分溶解度较大,则不必冷却),过滤即可得到清澈透明、耐温度变化的化妆水,如图 2-1 所示。

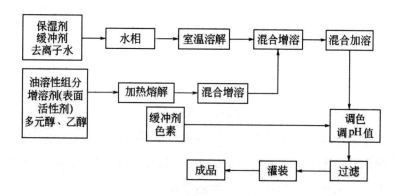

图 2-1　化妆水生产流程图

由于化妆水的制备一般使用离子交换水，已除去活性氯，较易被细菌污染，因此制备化妆水时水的灭菌工序必不可少。灭菌的有效方法有加热法、超精密过滤法、紫外线照射法。制备化妆水时，多数不采用加热工序，通常采用后两种方法。

第二节　淋洗化妆品配方与生产工艺

一、淋洗化妆品配方设计原则

液态洗发化妆品配方设计原则：①无毒性，安全性高，既能起到洗涤清洁作用，又不能使头皮过分脱脂，性能温和，对眼睛、头发、头皮无刺激（儿童用香波更应具有温和的去污作用，不刺激眼睛、头发和头皮），使洗后的头发蓬松、爽洁、光亮、柔软；②泡沫丰富、细腻、持久；③易于清洗，无黏腻感，能减少毛发上的静电，使头发柔顺、易于梳理；④产品的 pH 值适中，对头发和头皮不造成损伤；⑤如果是特殊作用的香波，还应具有特定的功效；⑥有令人愉快的香味。

浴液化妆品配方设计原则：①具有丰富的泡沫和适度的清洁能力；②作用温和，对皮肤刺激作用小；③具有合适的黏度，一般黏度约为 3～7 Pa·s；④易于清洗，不会在皮肤上留下黏性残留物、干膜；⑤使用时肤感润滑、不黏腻，使用后，润湿和柔软，不会感到干燥和收紧；⑥香气较浓郁、清新；⑦产品质量稳定，结构细腻，色泽亮丽。

二、淋洗化妆品分类

淋洗沐化妆品主要包括液态洗发化妆品和浴液化妆品。液态洗发化妆品主要包括透明液体香波和珠光液体香波。浴液化妆品主要包括：表面活性剂型，主要由具有洗涤作用的表面活性剂复配而成，温和光滑；皂基型，基于制皂的原理改性而成，泡沫丰富，易于清洗；表面活性剂和皂基复配型，取二者之优点，泡沫丰富，易于冲洗，洗后皮肤清爽滋润。目前，市场上后两种类型的沐浴露较多。

三、淋洗化妆品配方组成

（一）香波配方组成

香波的主要功能是洗净黏附于头发和头皮上的污垢和头屑等，以保持清洁。其含有的基本原料为表面活性剂、辅助表面活性剂、稳泡剂、调理剂、防腐剂、香精；其他成分的添加取决于消费者的需要，同时考虑调制成本，其主要原料组成如表 2-3 所示。

表 2-3　香波配方主要原料组成

结构成分	主要功能	代表性原料
表面活性剂	提供去污力和丰富的泡沫	脂肪醇硫酸盐、脂肪醇聚氧乙烯醚硫酸盐（主要是钠盐、钾盐和乙醇胺盐等）
调理剂	改善洗后头发手感	常用的有瓜尔胶、高分子蛋白肽、有机硅表面活性剂
增稠剂	增加洗发液的黏稠度	氯化钠、氯化铵、硫酸钠、三聚磷酸钠等
去屑止痒剂	降低表皮新陈代谢速度和杀菌	目前使用效果好的有吡啶硫酮锌、十一碳烯酸衍生物
螯合剂	提高透明液体洗发液的澄清度	柠檬酸、酒石酸、EDTA-2Na、烷醇酰胺等
珠光剂	使液体洗发液外观具有乳状感	主要用珠光剂，普遍采用乙二醇的单、双硬脂酸酯
酸化剂	护理头发，减少刺激	柠檬酸、酒石酸、磷酸以及硼酸等
防腐剂	防止洗发液受霉菌或者细菌侵蚀	山梨酸、尼泊金酯类、咪唑啉脲素等

结构成分	主要功能	代表性原料
色素	赋予产品颜色	各种化妆品允许使用色素
香精	赋予产品香气	各种化妆品允许使用香精

香波的表面活性剂选择为产品设计的关键所在,常用的主表面活性剂的作用是通过洗涤过程赋予产品清洁作用,但其在清洁皮肤和头发上的油脂和水不溶性污垢的同时,往往会影响正常皮肤脂质,使皮肤上的天然水—脂质膜在某种程度上受损。过度使用表面活性剂会使皮肤干燥、紧绷、粗糙。当选择化妆品用表面活性剂时,必须注意保持两种过程的平衡,即既有一定的清洁能力,又对皮肤作用温和,因此常常在复配时使用温和的助表面活性剂和赋脂剂。

目前,最常用的香波的主表面活性剂为月桂醇硫酸酯盐类（简称 AS 或 SLS）和月桂醇聚醚硫酸酯盐类（简称 SLES 或 AES）,有时为二者的混合物。助表面活性剂的作用是稳泡或增泡和减轻主要表面活性剂的刺激作用,也可在电解质增稠剂存在和不存在时,增加产品黏度。助表面活性剂主要为两性表面活性剂和非离子表面活性剂。表面活性剂种类很多,性质各异,在配方设计中应考虑各方面的因素,以满足市场竞争和消费者的需要。香波配方实例如表 2-4 至表 2-7 所示。

表 2-4　香波配方实例

原料名称	质量分数/%	作用
柠檬酸	0.01	酸化剂
瓜尔胶	0.5	调理剂
EDTA-2Na	0.1	螯合剂
AES	15.0	表面活性剂
K12	5.0	表面活性剂
水溶性羊毛脂	1.0	油脂
乙二醇单硬脂酸酯	1.0	遮光剂
氯化钠	适量	稠度调节剂
香精	适量	赋香剂
防腐剂	适量	防腐剂
去离子水	加至100	溶剂

表 2-5 透明香波配方实例

原料名称	质量分数/%	作用
丙烯酰胺丙基三甲基氯化铵/丙烯酰胺共聚物	0.10	增稠剂
聚季铵盐-10	0.3	调理剂
椰油酰胺丙基甜菜碱	5.00	表面活性剂
椰油酰胺甲基 MEA	1.00	表面活性剂
月桂醇聚醚硫酸酯钠	12.00	表面活性剂
甲基椰油酰基牛磺酸钠	6.00	表面活性剂
EDTA-2Na	0.1	螯合剂
甜菜碱	1.00	保湿剂
乳酸钠/葡萄糖酸钠	0.50	pH 值调节剂
氯化钠	适量	黏度调节剂
柠檬酸	适量	pH 值调节剂
防腐剂	适量	防腐剂
香精	适量	赋香剂
去离子水	加至 100	溶剂

表 2-6 珠光香波配方实例

原料名称	质量分数/%	作用
阳离子瓜尔胶	0.2	调理剂
聚季铵盐-10	0.3	调理剂
椰油酰胺丙基甜菜碱	5.00	表面活性剂
椰油酰胺甲基 MEA	1.00	表面活性剂
月桂醇聚醚硫酸铵盐	15.00	表面活性剂
K12	7.00	表面活性剂
EDTA-2Na	0.1	螯合剂
混醇	0.2	赋脂剂
乳酸钠/葡萄糖酸钠	0.50	pH 值调节剂
珠光浆	2.0	感官修饰剂
乳化硅油	2.5	调理剂
氯化钠	适量	黏度调节剂

原料名称	质量分数/%	作用
柠檬酸	适量	pH 值调节剂
防腐剂	适量	防腐剂
香精	适量	赋香剂
去离子水	加至 100	溶剂

表 2-7　温和婴儿香波配方实例

原料名称	质量分数/%	作用
月桂醇聚醚硫酸酯钠	10.00	表面活性剂
月桂酰谷氨酸钠	2.00	表面活性剂
甘油	3.00	保湿剂
月桂酰胺丙基羟磺基甜菜碱	3.00	表面活性剂
月桂基葡糖苷	2.00	表面活性剂
椰油酰两性基乙酸钠	5.00	表面活性剂
氯化钠	适量	黏度调节剂
柠檬酸	适量	pH 值调节剂
EDTA-2Na	0.05	整合剂
PEG-7 甘油椰油酸酯	1.00	赋脂剂
PEG-120 甲基葡糖二油酸酯	0.40	赋脂剂
防腐剂	适量	防腐剂
香精	适量	赋香剂
去离子水	加至 100	溶剂

　　透明液体香波具有外观透明、泡沫丰富、易于清洗等特点,在市场上占有一定比例,但由于要保持香波的透明度,在原料选择上有一定限制,通常以选用浊点较低的原料为原则,以便产品即使在低温时仍能保持透明清晰,不出现沉淀、分层等现象。常用的表面活性剂是溶解性好的 AES、烷醇酰胺等。

（二）沐浴液配方组成

沐浴液主要原料为表面活性剂、增泡剂、特殊添加剂、调理剂，配方组成如表 2-8 所示。配方实例如表 2-9 所示。

表 2-8　沐浴液主要原料组成

组分	功能	质量分数/%
主要表面活性剂	起泡、清洁	10~20
辅助表面活性剂	增泡、降低刺激性	0~8
增泡剂	增泡、稳泡、改善泡沫的质量	2~5
酸度调节剂	调节 pH 值	按需要
黏度调节剂	调节黏度	0~3
外观改善添加剂	感官修饰	按需要
着色剂	赋色	按需要
珠光剂	产生珠光外观	0.5~2
香精	赋香	0.5~2
稳定剂	防腐、抗氧化、螯合	0.05~1
特殊添加剂	皮肤调理剂、植物提取物、杀菌剂	0~4
去离子水	溶剂、稀释剂	加至100

表 2-9　沐浴液配方实例

原料名称	质量分数/%	作用
月桂醇聚醚硫酸酯钠	12.00	表面活性剂
月桂酰谷氨酸钠	1.00	表面活性剂
甘油	3.00	保湿剂
月桂酰胺丙基羟磺基甜菜碱	3.00	表面活性剂
月桂基葡糖苷	1.50	表面活性剂
氯化钠	适量	黏度调节剂
柠檬酸	适量	pH 值调节剂
EDTA-2Na	0.05	螯合剂
PEG-7 甘油椰油酸酯	1.00	赋脂剂
PEG-120 甲基葡糖二油酸酯	0.40	赋脂剂

原料名称	质量分数/%	作用
防腐剂	适量	防腐剂
香精	适量	赋香剂
去离子水	加至100	溶剂

四、淋洗化妆品生产工艺

这里主要对香波的生产工艺进行介绍。

大多数情况下，香波的制备采用间歇式生产工艺。液态香波的制备技术与其他产品（如乳液类制品）相比，是比较简单的，制备过程以混合为主，设备一般仅需带有加热和冷却夹套的搅拌反应锅。由于香波的主要原料是极易产生泡沫的表面活性剂，因此制备过程中，加料的液面必须浸过搅拌桨叶片，以免过多的空气被带入而产生大量的气泡。

液态香波的配制主要有两种方法：一种是冷混法，它适用于配方中原料具有良好水溶性的制品；另一种是热混法。从目前来看，除了部分透明液体香波产品采用冷混法，其他产品的配制多采用热混法。

（一）透明液体香波的制备

透明液体香波的外观为清澈透明的液体，具有一定的黏度，常带有各种色泽。在生产过程中，只需要按照设定次序将所有组分溶解形成均匀的体系。可以冷配，但气温较低时，需加热至30～40℃，以加速溶解，使体系更均匀，一般先将主要组分（表面活性剂和助表面活性剂等）溶于水，使整个体系黏度变低一点，然后添加各种预配混合组分（如水溶性聚合物的分散液）。有些组分必须在调节好pH值后才可添加。含量少的组分最好与别的组分或水（或含加溶剂）先制成预配物，然后加入体系中，确保溶解和分散均匀。香精、防腐剂和活性成分最后添加。透明香波生产工艺流程如图2-2所示。

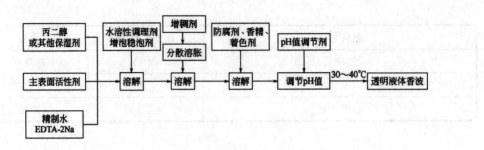

图 2-2 透明香波生产工艺流程图

（二）珠光液体香波的制备

珠光液体香波一般比透明液体香波的黏度高，呈乳浊状，带有珠光色泽，给人以精致和高档的感觉。香波呈现出珠光是由于其中生成了许多微晶体，具有散射光的能力，同时香波中的乳液微粒又具有不透明的外观，于是显现出珠光。珠光液体香波的配方中除了含有普通液体香波所需的原料，还需加入固体油（脂）类等水不溶性物质，以作为遮光剂均匀悬浮于香波制品中，经反射而得到珍珠光泽。

珠光液体香波的制备主要采用热混法。该方法需将水、表面活性剂和一些需要高温加热熔化的固体（如助表面活性剂、珠光剂、脂类调理剂等）一起混合，组分一般需要在高温（约 72℃）下混合，所有组分在高温下混合均匀或乳化，并进行均质，或通过胶体磨高速剪切，确保其均匀性；然后通过热交换将预混物冷却。将预先完全分散于水中的聚合物预混物加至表面活性剂预混物中时应注意，一些水溶性聚合物很难均匀地在水中分散，转子定子均质设备或喷射式混合器可加速这些组分的分散。

第三节　护发化妆品配方与生产工艺

护发产品的作用是赋予头发光泽，使头发保持天然、健康的状态，本节主要论述了护发素和护发油的配方与生产工艺。

一、护发素的配方与生产工艺

（一）护发素的分类

护发素可按照不同形态、不同功能或不同使用方法进行分类。

按照形态，护发素可分为透明液体、稠的乳液和膏体、凝胶状、气雾剂型和发膜等。

按照功能，护发素可分为正常发用护发素、干性发用护发素、受损发用护发素、有定型作用护发素、防晒护发素和染发后用护发素等。

按照使用方法，护发素可分为用后需冲洗干净的护发素、用后免冲洗护发素和焗油型护发素。一般的护发素用后需冲洗干净，免冲洗的护发素多数为喷剂型或凝胶型。

（二）护发素的配方组成

市售护发素主要为乳液状，近年来透明型也开始流行。其主要成分有阳离子表面活性剂、阳离子聚合物、聚二甲基硅氧烷及其衍生物、水解蛋白质、油脂类化合物以及其他功效组分，配方组成如表 2-10 所示。

表 2-10 护发素的配方组成

结构成分	质量分数/%	主要功能	代表性原料
阳离子表面活性剂	0.5～3.0	调理剂（抗静电）、乳化剂、抑菌剂	季铵盐型阳离子表面活性剂
阳离子聚合物	0.2～0.5	调理作用、抗静电作用、流变性调节、头发定型	瓜尔胶、聚季铵盐类
聚二甲基硅氧烷及其衍生物	0.5～2.0	调理作用、润滑、赋予光泽	乳化硅油、氨基硅油
非离子表面活性剂	0.5～2.0	乳化剂	脂肪醇聚醚类、甘油硬脂酸酯
油分	1～4	赋脂剂、光亮	植物油、合成油脂
增稠剂	0.5～1.5	黏度调理	羟乙基纤维素、聚丙烯酸树脂类、脂肪醇类
螯合剂	0.05～0.1	防止钙离子和镁离子沉淀、对防腐剂有增效作用	EDTA-2Na

结构成分	质量分数/%	主要功能	代表性原料
抗氧化剂	0.05～0.1	防止油脂类化合物氧化酸败	BHT、BHA、生育酚
防腐剂	适量	抑制微生物生长	甲基异噻唑啉酮、咪唑烷基脲等
pH值调节剂	适量	调节pH值	柠檬酸、柠檬酸钠、乳酸、三乙醇胺
着色剂	适量	感官修饰	酸性条件下稳定的水溶性或水分散性着色剂
光稳定剂	0.1～0.3	增加产品光稳定剂	二苯酮-4等紫外线吸收剂
低温稳定剂	适量	增加低温稳定剂（储存和运输过程中）	多元醇类，如甘油
香精	适量	赋香	依据产品需求
抗头屑剂	适量	抗头屑	ZPT、吡罗克酮乙醇胺盐
维生素类	适量	滋养	泛醇、维生素E
防晒剂	适量	预防头发光降解	PABA等
预防头发热降解添加剂	适量	预防头发热降解	PVP/DMAPA丙烯酸酯共聚物等
精制水	加至100	溶剂	去离子水

大多数情况下，护发素体系是低固含量产品，典型护发素含1%～2%季铵化组分，总固含量3%～8%，包括增稠剂、润滑剂、紫外线吸收剂、抗氧化剂等，深度调理护发素可能含有高达15%的固体组分，含有较多的油分。护发素一般是O/W（水包油）乳液或膏体，油相组分一般由阳离子表面活性剂（用作乳化剂）和脂肪醇（鲸蜡醇或鲸蜡硬酯醇）组成。脂肪醇有两种功能：增稠作用和使阳离子乳化剂增白。此外，常常添加水溶性聚合物（如甲基羟丙基纤维素）来改善护发素的流变特性。护发素的黏度范围较广，由润丝性护发素1 000 mPa·s至深度调理护发素50 000 mPa·s，它们都是触变性的。此外，pH值也是配方调整的关键，典型的pH值范围为3.5～5.5，这样可以确保活性组分保持阳离子状态，并使头发表面平滑，头发纤维得到增强。通常，pH值的选择取决于头发损伤的程度和发质。如果只需要轻度护理，可将pH值调至4～5，对于受损较严重的头发，倾向于将pH值调至6～7。护发素配方实例如表2-11所示。

表 2-11 护发素配方实例

原料名称	质量分数/%	作用
鲸蜡硬脂醇	5.0	赋脂剂
PPG-3 辛基醚	1.0	发丝调理剂（光亮剂）
肉豆蔻酸异丙酯	1.0	赋脂剂
棕榈酸乙基己酯	1.0	赋脂剂
维生素 E 醋酸酯	0.1	抗氧化剂
二十二烷基三甲基氯化铵	2.0	调理剂
鲸蜡硬脂醇聚醚-6	0.5	乳化剂
聚季铵盐-22	0.5	调理剂
甘油	3.0	保湿剂
EDTA-2Na	0.1	螯合剂
去离子水	加至 100	溶剂
防腐剂	适量	防腐剂
香精	适量	赋香剂

（三）护发素的生产工艺

护发素的生产工艺与一般乳液或膏霜生产工艺相似，具体如图 2-3 所示。

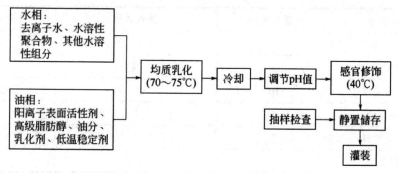

图 2-3 护发素生产工艺流程图

二、护发油的配方与生产工艺

（一）护发油的主要原料

护发油剂的配方主要由基础油脂体系、功效体系和抗氧化体系三部分组成。基础油脂体系主要原料为合成油脂、植物油及矿物油，往往将两种或更多的油脂复合使用，以增加产品的润滑性和黏附性。植物油能被头发吸收，但润滑性不如矿物油，且易酸败，常用的植物油有蓖麻油、橄榄油、花生油、杏仁油等。矿物油有良好的润滑性，不易酸败和变味，但不能被头发吸收，常用的矿物油有白油、凡士林等。还可加入羊毛脂衍生物以及一些脂肪酸酯类等与植物油和矿物油完全相溶的原料，以改善油品性质、抗酸败、增加吸收性。此外，可加入抗氧化剂，如维生素E、BHT等防止酸败，也可加入少量的油溶性香精和色素。

（二）护发油配方实例

发用功能油配方如表2-12所示，该护发油肤感良好，并具有调理、防晒、修复等多种功效。

表2-12　护发油配方实例

原料名称	质量分数/%	原料名称	质量分数/%
DM100	10	葵花籽油	2
PMX345	60	生育酚	0.5
合成角鲨烷	10	白油	3.5
霍霍巴油	5	维生素E醋酸酯	3
山茶花籽油	2	水杨酸乙基己酯	3
葡萄籽油	1	香精	适量

（三）护发油配方工艺

护发油的配制较为简单，通常在常温下，将全部油脂原料混合溶解，加入香精、抗氧剂。含有白油时，由于白油对香精的溶解度较小，因此可以将白油加热到40℃左右，使香精溶解于白油中，待全部原料溶解后，静置储存，经过滤即得。

第四节　液态类化妆品的
质量控制关键

一、化妆水产品质量控制指标要求

化妆水的质量指标应符合我国行业标准《化妆水》（QB/T 2660—2004）的规定，此标准适用于补充皮肤所需水分、保护皮肤的水剂型护肤品。

（一）分类

化妆水产品按形态可分为单层型和多层型两类。单层型是由均匀液体组成的、外观呈现单层液体的化妆水。多层型是以水、油、粉或功能性颗粒组成的，外观呈多层液体的化妆水。

（二）要求

按照《化妆品安全技术规范》的规定，化妆水的卫生标准应符合表 2-13 的要求。

表 2-13　化妆水的质量控制要求

项目		要求	
		单层型	多层型
感官指标	外观	均匀液体，不含杂质	两层或多层液体
	香气	符合规定香型	
理化指标	pH 值（25℃）	4.0～8.5（直测法） （含 α-羟基酸、β-羟基酸的产品除外）	
	耐热	（40±1）℃保持 24 h，恢复室温后与试验前无明显性状差异	
	耐寒	（5±1）℃保持 24 h，恢复室温后与试验前无明显性状差异	
	相对密度（20℃）	规定值±0.02	

项目		要求	
		单层型	多层型
微生物指标	菌落总数/（CFU/g）或（CFU/mL）	≤1 000（儿童用产品≤500）	
	霉菌和酵母菌总数/（CFU/g）或（CFU/mL）	≤100	
	耐热大肠菌群/g（或 mL）	不得检出	
	金黄色葡萄球菌/g（或 mL）	不得检出	
	铜绿假单胞菌/g（或 mL）	不得检出	
有毒物质限量	铅/（mg/kg）	≤10	
	汞/（mg/kg）	≤1	
	砷/（mg/kg）	≤2	
	镉/（mg/kg）	≤5	
	甲醇/（mg/kg）	≤2 000（不含乙醇、异丙醇的化妆水不测甲醇）	

二、化妆水产品可能出现的问题及解决方法

（一）化妆水产品中出现浑浊、絮状物、分层

化妆水类产品在货架期，由于储存条件及使用方法不同等可能在使用过程中出现浑浊及絮状物，严重者甚至出现分层，其原因可能是原料未充分溶解、配方设计存在缺陷、原料中混有水体系不溶物、配方原料之间发生化学反应、无机盐含量过高、微生物污染、低温下出现浑浊等。解决此类问题主要考虑复配物溶解性，特别是化妆水类制品，根据加入原料的特性，还需加入增溶剂（表面活性剂），如果加入水不溶性成分过多，增溶剂选择不当或用量不足，也会导致浑浊和沉淀现象发生。所以，生产中严格按配方配料、低温过滤等环节很重要，同时应严格把控原料质量。

（二）液体变色、变味

化妆水、香水、洗发水等在货架期之内由于油脂类成分氧化、香精及活性成分不稳

定等，容易出现变色、变味的现象。解决此类问题的途径包括：控制生产温度，防止油脂类成分氧化变质；依据配方体系中含有的活性成分及不稳定成分的量，调整抗氧化剂及防腐剂的使用量；在配方体系中适当加入护色剂、紫外线吸收剂；包装设计注意避免产品与强光和空气接触，将产品放置于阴凉通风处。此外，对于香水、化妆水类产品，由于在制品中使用酒精，而酒精质量直接影响产品的质量，因此所用酒精应经过适当的加工处理，除去杂醇油和醛类等杂质。

（三）黏度变化异常

在洗发水的生产过程中，配方中的增稠剂和氯化钠对稠度影响显著，应注意增稠剂和氯化钠的使用量。在配方中可以加入适量的黏度稳定剂，黏度稳定剂通常情况下具有高温增黏、低温降黏的作用。

（四）刺激皮肤

液态类化妆品与其他类型化妆品一样，在特殊情况下可能存在刺激皮肤的风险，原因可能有：使用原料不纯，含有刺激皮肤的有害物质；pH 值过大或过小；香精或防腐剂等配方组分引起皮肤刺激。应注意选用刺激性低的香料和纯净的原料，加强原料及成品质量检验。对新选用的原料，更要慎重，要先做各种安全性试验，通过风险评估后方可使用。

（五）菌落总数超标

导致菌落总数超标的原因主要有：容器储存不当或预处理时消毒不彻底，导致产品被微生物污染；原料被污染或水质差，水中含有微生物；制造设备、容器、工具不卫生，场地周围环境不良，附近的工厂产生尘埃、烟灰或距离水沟、厕所较近等。解决方法为采用新鲜蒸馏水或经灭菌处理的去离子水，不允许有微生物或铜离子、铁离子等金属离子存在。铜离子、铁离子等金属离子对不饱和芳香物质有催化氧化作用，容易使产品变色、变味；微生物虽会被酒精杀灭，但会产生令人不愉快的气味。应严格控制水质，避免上述不良现象的发生。

三、护发素产品质量控制指标要求

护发素产品质量控制指标要求应符合我国行业标准《护发素》（QB/T 1975—2013）的规定，该标准是对《护发素》（QB/T 1975—2004）和《免洗护发素》（QB/T 2835—2006）的合并修订，该标准适用于由抗静电剂、柔软剂和各种护发剂等原料配制而成，用于保护头发、使头发有光泽，易于梳理的乳液状或膏霜状护发产品。

按照《化妆品安全技术规范》的规定，护发素卫生标准应符合表 2-14 的要求。

表 2-14　护发素的质量控制要求

项目		要求	
		漂洗型护发素	免洗型护发素
感官指标	外观	均匀、无异物 （添加不溶性颗粒或不溶粉末的产品除外）	
	色泽	符合规定色泽	
	香气	符合规定香型	
理化指标	pH 值（25℃）	3.0～7.0（不在此范围内的按照企业标准执行）	3.5～8.0
	耐热	（40±1）℃保持 24 h，恢复室温后无分层现象	
	耐寒	（－8±2）℃保持 24 h，恢复室温后无分层现象	
	总固体含量/%	≥4.0	—
微生物指标	菌落总数/（CFU/g）或（CFU/mL）	≤1 000（儿童用产品≤500）	
	霉菌和酵母菌总数/（CFU/g）或（CFU/mL）	≤100	
	耐热大肠菌群/g（或 mL）	不得检出	
	金黄色葡萄球菌/g（或 mL）	不得检出	
	铜绿假单胞菌/g（或 mL）	不得检出	
有毒物质限量	铅/（mg/kg）	≤10	
	汞/（mg/kg）	≤1	
	砷/（mg/kg）	≤2	

续表

项目		要求	
		漂洗型护发素	免洗型护发素
有毒物质限量	镉/（mg/kg）	≤5	
	甲醇/（mg/kg）	—	≤2 000[乙醇、异丙醇含量之和不小于10%（质量分数）的产品应测甲醇]

第三章 乳霜护肤类化妆品 配方及生产工艺

第一节 护肤凝胶配方与生产工艺

一、产品性能结构特点和分类

护肤凝胶是介于化妆水与乳霜之间的一类产品，其配方结构类似于化妆水，但使用性能上又类似于乳霜，比乳霜肤感清爽。

从透明度上分，护肤凝胶分透明型及半透明型。

二、产品配方结构

护肤凝胶的基本功能是保湿。通过添加活性原料可以赋予产品润肤、营养、祛斑、延缓衰老等作用。各种护肤凝胶的目的和功能不同，所用的成分及其用量也有差异。它的主要成分是保湿剂、增溶剂、防腐剂、香精和水，增溶剂可以是短碳链醇类或者表面活性剂，制备时一般不需乳化，其配方组成如表 3-1 所示。

表 3-1 护肤凝胶的主要配方组成

成分	主要功能	代表性原料
水	补充角质层的水分、溶解其他水溶性成分	去离子水
保湿剂	角质层保湿、改善使用感、溶解某些成分	甘油、丙二醇、1,3-丁二醇、甘油聚醚-26、透明质酸等
润肤剂	滋润、保湿软化、改善使用感	水溶性的植物油脂、水溶性的硅油

成分	主要功能	代表性原料
增溶剂	油溶性原料增溶	短碳链醇或非离子表面活性剂
流变调节剂	改善流变性、改善肤感	各种水溶性聚合物，如汉生胶、羟乙基纤维素、羟丙基纤维素、丙烯酸系聚合物
香精	赋香	—
防腐剂	微生物稳定性	尽可能选择水溶性的防腐剂
其他活性组分	紧缩、杀菌、营养	收敛剂、杀菌剂、营养剂

三、设计原理

（一）流变调节剂的选择

开发护肤凝胶配方时，首先要选择流变调节剂，一般需要选择对体系黏度提升很明显的合成水溶性聚合物。但需要根据预开发产品的透明度，选择透明型与不透明型流变调节剂，尤其是透明型的产品只能使用透明型的流变调节剂。

（二）油脂的添加

护肤凝胶配方结构类似于化妆水，但其应用性能需要有一定的润肤性，以适合没有流动性的剂型。在凝胶型化妆品中赋予产品滋润性有两种方式：添加水溶性油脂和添加油溶性油脂。

1.添加水溶性油脂

目前，应用于水剂、凝胶型化妆品中的水溶性油脂类型很多。水溶性油脂一般是在原来的油性化合物结构基础上连接聚氧乙烯醚链，随 EO 数（环氧乙烷加成数）的增加，水溶性油脂的水溶性增强。水溶性较强的油脂，会形成透明体系；而 EO 数较少，水溶性不强的，添加到体系中会形成泛蓝的半透明体系。

2.添加油溶性油脂

油溶性油脂无法直接添加到水剂或凝胶产品中，需要借助于增溶、微乳或纳米乳液技术，以增强油溶性成分在水介质中的分散性。然而，增溶、微乳或纳米乳液技术有很大的不同，增溶与微乳是热力学稳定体系，所形成的体系稳定性很好，但由于在形成过程中需要添加的表面活性剂浓度很高，因此应用于护肤产品中可能会有负面作用；而纳米乳液是热力学不稳定体系，在体系形成过程中，乳油比（乳化剂与油脂的比例）不高，乳化剂添加量不需要太多，但形成的一般是半透明的体系。

四、原料选择

原料的选择基本等同于化妆水，针对半透明的凝胶，会添加一些乳化剂或增溶剂，以提升油性成分在凝胶体系中的分散性。

五、配方示例与生产工艺

护肤凝胶按肤感可以分为清爽型与滋润型，按体系的透明度分为透明型与半透明型，其配方如表 3-2 至表 3-4 所示。

表 3-2　保湿型护肤凝胶配方

组相	原料名称	质量分数/%
A 相	水	加至 100
	甘油	5.00
	丁二醇	5.00
	卡波姆 940	0.30
	透明质酸	0.10
	尿囊素	0.50
	EDTA-2Na	0.05
	芦荟提取物	1.00
B 相	三乙醇胺	0.30
	防腐剂	适量
C 相	PEG-40 氢化蓖麻油	0.50
	香精	适量

制备工艺：

（1）准确称量 A 相中的水；

（2）在搅拌水的同时，将卡波姆 940 分散在水中，充分搅拌分散均匀；

（3）依次加入 A 相剩余组分，搅拌分散均匀；

（4）将 B 相依次加入，搅拌分散均匀；

（5）将 C 相中原料预混均匀，再加入体系中，搅拌分散至体系均一。

表 3-3　美白护肤凝胶配方

组相	原料名称	质量分数/%
A 相	水	加至 100
	甘油	5.00
	丁二醇	5.00
	AVC	0.60
	透明质酸	0.10
	尿囊素	0.50
	EDTA-2Na	0.05
	烟酰胺	1.00
B 相	抗坏血酸葡糖苷	2.00
	防腐剂	适量
C 相	PEG-40 氢化蓖麻油	0.50
	香精	适量

制备工艺：

（1）将 A 相中的 AVC 分散在水中，充分搅拌分散均匀；

（2）依次加入 A 相剩余组分，搅拌分散均匀；

（3）将 B 相中的原料加入，搅拌分散均匀；

（4）将 C 相中的原料预混均匀，再加入体系中，搅拌分散至体系均一。

表 3-4　抗衰老护肤凝胶配方

组相	原料名称	质量分数/%
A 相	水	加至 100
	甘油	5.00
	丁二醇	5.00
	汉生胶	0.20

组相	原料名称	质量分数/%
A 相	卡波姆 U20	0.20
	透明质酸	0.10
	尿囊素	0.50
	EDTA-2Na	0.05
	酵母提取物	1.00
	棕榈酰三肽-8	2.00
B 相	防腐剂	适量
C 相	PEG-40 氢化蓖麻油	0.50
	香精	适量

制备工艺:

（1）将 A 相中的卡波姆 U20 与汉生胶分散在水中，充分搅拌分散均匀；

（2）依次加入 A 相剩余组分，搅拌分散均匀；

（3）加入 B 相中的原料，搅拌分散均匀；

（4）将 C 相中的原料预混均匀，再加入体系中，搅拌分散至体系均一。

第二节　护肤乳液、膏霜配方与生产工艺

一、产品性能结构特点和分类

护肤乳霜类化妆品是化妆品中的主体产品,随着市场的细分,也是种类最多的一类。乳霜类产品的使用性能包括:

（1）给皮肤补充适当的油脂；

（2）有较好的保湿性能，防止皮肤开裂；

（3）对皮肤无刺激性，可安全使用；

（4）有较好的铺展性及渗透性；

（5）各种营养添加剂能有效渗透于角质层，长期重复使用不过敏；

（6）产品在使用中有好闻的香气。

乳霜类产品按照产品的流动性分为露、乳、霜；按使用部位可以分为面乳/霜、手乳/霜、体乳/霜、眼乳/霜等；按照产品的功效性可以分为保湿霜、滋润霜、祛斑霜、抗皱霜、防晒霜等；按乳化体系的类型可以分为 O/W 型或 W/O 型。

二、产品配方结构

护肤膏霜乳液属乳化体系，主要包括油脂、乳化剂、流变调节剂、保湿剂、防腐剂、抗氧化剂、香精、螯合剂、着色剂及其他活性组分，各组分的主要功能及代表性原料如表 3-5 所示。

表 3-5　护肤膏霜乳液的主要配方组成

结构成分	主要功能	代表性原料
油脂	赋予皮肤柔软性、润滑性、铺展性、渗透性	各种植物油、支链脂肪醇类、支链脂肪酸酯、硅油等
乳化剂	形成 W/O 或 O/W 体系	非离子表面活性剂、阴离子表面活性剂
流变调节剂	起分散和悬浮作用，增强稳定性，调节流变性，改善使用感	羟乙基纤维素、汉生胶、卡波姆等
保湿剂	角质层保湿	多元醇及透明质酸钠等
防腐剂	抑制微生物生长	尼泊金酯类、甲基异噻唑啉酮类、甲醛释放体类、苯氧乙醇等
抗氧化剂	抑制或防止产品氧化变质	BHT、BHA、生育酚
着色剂	赋予产品颜色	酸性稳定的水溶性着色剂
功效活性组分	赋予特定功能（抗皱、营养、美白）	美白、营养、抗皱等活性组分
香精和香料	赋香	酸性稳定的香精

三、设计原理

一般来说，所设计的护肤膏霜和乳液产品的膏体有如下特性：

（1）外观洁白美观，或带浅的天然色调，富有光泽，质地油腻；

（2）手感良好，体质均匀，黏度合适，膏霜易于倒出，乳液易于倾出或挤出；

（3）易于在皮肤上铺展和分散，肤感润滑；

（4）涂抹在皮肤上具有亲和性，易于均匀分散；

（5）使用后能保持一段时间的湿润，无黏腻感。

乳状液类化妆品的特性与所选用的原料和配方结构有关，其中最重要的是乳状液的类型、两相的比例、油相的组分、水相的组分和乳化剂的选择。

（一）乳状液的类型

各种润肤物质多有油性脂质成分，在乳化体中既可作为分散相，也可作为连续相。润肤的效果很大程度上取决于乳化体的类型和载体的性质。将 O/W 型乳状液涂敷于皮肤上会有连续的水相蒸发，水分的减少会不同程度地产生冷的感觉。分散的油相开始并不封闭，对皮肤的水分挥发并无阻碍，随着挥发的进行，分散的油相开始形成连续的薄膜，乳状液中油相的性质直接影响着封闭的性能。O/W 型乳化体的主要优点在于涂敷在皮肤上有比较清爽的感觉，少油腻。

在皮肤上敷上 W/O 型乳状液，油相能和皮肤直接接触，且乳状液内的水分挥发得较慢，所以皮肤不会产生冷的感觉。W/O 型乳状液具备一定的防水性能，适合制备婴儿护臀膏、粉底、防晒霜等剂型。W/O 型乳状液也适合作为北方寒冷地区的润肤膏霜，具有较好的封闭性。

从两种乳状液的类型来说，由于 O/W 型乳状液中油是分散相，水是连续相，因此在使用过程中呈现水的肤感，比较清爽；而 W/O 型乳状液中水是分散相，油是连续相，因此在使用过程中呈现油的肤感，滋润性比较好，但也可能有油腻感。但这两种类型的乳状液，对于促进油性成分在皮肤上的渗透相差甚微。

（二）两相的比例

W/O 型乳状液的最大不足是膏体不如 O/W 型乳状液柔软。根据相体积理论，乳状液中分散相的最大体积可占总体积的 74.02%，即 O/W 型乳化体中水相的体积必须大于 25.98%；而 W/O 型乳状液中油相的体积必须大于 25.98%。虽然许多新型乳化剂的乳化性能优良，可以制得内相体积大于 95% 的产品，但从乳化体的稳定性考虑，外相体积还是大于 25.98% 为好。总之，内相体积最好小于 74.02%，而外相体积最好大于 25.98%。表 3-6 列出了部分化妆品乳状液的类型、油相的熔点和油相的质量分数。

表 3-6　化妆品乳状液的类型、油相的熔点和质量分数

产品	乳化体类型	油相的熔点（大约数）/℃	油相的质量分数（大约数）/%
润肤霜	O/W、W/O	35～45	油/水 15～30，水/油 45～80
润肤乳液	O/W、W/O	油/水 30～55，水/油＜15	油/水 10～20，水/油 45～80
护手霜	O/W	40～55	20～30
清洁霜	O/W、W/O	＜35	30～50
清洁乳液	O/W	＜35	10～30
雪花膏	O/W	＞50	15～30
粉底霜	O/W	40～55	20～35
营养霜	O/W、W/O	＜37	15～35
防晒霜	O/W、W/O	＜15～55	油/水 15～30，水/油 40～60
抑汗霜和乳液	O/W	＞37	5～25

从表 3-6 可以看出，两相的比例是完全根据各类产品的特性要求而决定的，各类产品也有一定限度的变动范围，必须按照每一产品的功能和有关因素来确定。一般护手霜油相的比例较高，尤其是供严重开裂用的高效护手霜，油相的比例往往高达 25%～30%。O/W 型乳状液由于水是外相，因此包装容器要严格密封，防止挥发干燥。W/O 型乳状液由于水是内相，水分不容易挥发，因此包装容器的密封要求就不如前者来得高。

（三）油相组分

油相组分是由各种不同熔点的油、脂、蜡等原料构成的，其熔点与油相的流变特性及用于皮肤时的各种性能直接有关。产品涂抹于皮肤后的肤感及存在状态是由不挥发的组分所决定的，主要是油相。封闭性油性物质在皮肤上形成一层连续密合的薄膜，非封

闭性油性物质有部分会被皮肤吸收。

从对皮肤的渗透来说，动物油脂比植物油脂好，而植物油脂又比矿物油脂好，矿物油脂对皮肤不显示渗透作用，胆甾醇和卵磷脂能增强油脂对表皮的渗透性和黏附力。当基质中存在表面活性剂时，表皮细胞膜的透过性将增强，吸收量也将增加。

油相组分的比例与油脂的类型都会影响最终乳状液的黏度，无论是 O/W 型还是 W/O 型乳状液，影响都比较大。

油相也是香料、某些防腐剂和色素以及某些活性物质如雌激素、维生素 A、维生素 E 等的溶剂。颜料也可分散在油相中，相对而言油相中的配伍禁忌较水相少得多。

（四）水相组分

在乳状液体系的化妆品中，水相是许多有效成分的载体。水相组分主要包括保湿剂、流变调节剂、电解质、水溶性防腐剂及杀菌剂等。此外，还有一些活性成分，如各种植物提取物、生物发酵活性成分等。当组合水相中有这些成分时，要十分注意各种物质在水相中的化学相溶性，因为许多物质很容易在水溶液中相互反应，甚至失去效果。同时，还需注意这些物质与其他类物质的配伍性。有些物质在水相中，由于光和空气的影响，也容易逐渐变质。

（五）乳化剂的选择

当乳状液的类型、两相的大致比例和组分确定之后，最重要的就是选择乳化剂了。首先，应结合乳化剂的 HLB 值及临界堆积参数，选择适合于目标乳状液类型的乳化剂类型；其次，结合其乳化性能，确定乳化剂组合体系；最后，根据所形成乳状液的稳定性，逐步优化配方体系。

关于乳化剂的用量，应根据油相的用量、膏体的性能和是否添加高分子化合物等而定。通常通过添加高分子化合物来改善流变性的配方，乳化剂的用量可适当减少；为减少涂敷中出现白条现象，除减少固态油脂蜡的用量外，还应适当减少乳化剂的用量，并配以适量高分子化合物增稠，以提升膏体的稳定性。

四、原料选择

乳剂类化妆品的原料一般为油、水、乳化剂，但为了保证制品的外观、稳定性、安全性和有效性，赋予制品某些特殊性能，常需加入各种添加剂，如保湿剂、流变调节剂、滋润剂、营养剂、功效成分、防腐剂、抗氧化剂、香精、色素等。

（一）油性原料

油性原料是组成乳剂类化妆品的基本原料，主要作用有：能使皮肤细胞柔软，增加其吸收能力；能抑制表皮水分的蒸发，防止皮肤干燥、粗糙以至裂口；能使皮肤柔软、有光泽和弹性；涂抹于皮肤表面，能避免机械和药物所引起的刺激，从而起到保护皮肤的作用；能抑制皮肤炎症，促进剥落层的表皮形成；对于清洁制品来说，油性成分是油溶性污物的去除剂。

化妆品中所用的油性原料可分为三类：天然动物性的油、脂、蜡，矿物油性原料，合成油性原料。

1.天然动物性的油、脂、蜡

人体皮脂中含有33%的脂肪酸甘油酯，而最好的滋润物质应该和皮脂的组成接近，因此以脂肪酸甘油酯为主要组成的天然动植物油脂应该是护肤化妆品的理想原料，如甜杏仁油、橄榄油、蓖麻油、霍霍巴油、乳木果油等植物来源油脂；同时，蜂蜡、鲸蜡、巴西棕榈蜡等动植物蜡是常用于不同类型化妆品体系的天然油脂、蜡类化合物。其他如花生油、玉米油、葡萄籽油、玫瑰果油、鱼肝油、小烛树蜡等滋润物的缺点是含有大量不饱和键，易氧化酸败，需加入抗氧剂。但这些不饱和脂肪酸甘油酯可促进皮肤的新陈代谢，如亚油酸、亚麻酸、花生四烯酸的天然甘油酯和合成烷醇酯是润肤膏霜有价值的添加剂。

羊毛脂是一种优良的滋润物质，其中96%为蜡脂。虽然羊毛脂中游离甾醇的含量仅有0.8%～1.7%，但对羊毛脂的滋润性和吸水性起到了重要作用。羊毛脂涂敷在皮肤上可形成光滑、缓和的封闭薄膜，从而阻滞水分的挥发，促使角质的再水合，并使粗糙鳞片状的皮肤变得柔软光滑。但是羊毛脂带有异味，一般常用在护手霜中。

卵磷脂是天然的双甘油酯，可由蛋黄和黄豆制取。卵磷脂分子中有两个脂肪酸酯基团，第三个羟基被磷酸酯化，磷酸的一个羟基再被含氮的胆碱或乙醇胺酯化，从磷脂中可以分离出硬脂酸、油酸、亚油酸、亚麻酸、花生四烯酸等脂肪酸。卵磷脂是所有活细胞的重要组分，它对细胞渗透和代谢起着重要作用，在组织中的浓度是恒定的。虽然活性基质细胞的磷脂含量是丰富的，但会在角化过程中被分解成脂肪酸和胆碱等物质，在皮肤表面的脂肪内并不含磷脂。卵磷脂是一种具有表面活性剂的化合物，在乳化体系中能降低表面张力，它的滋润性能因30%～45%油的存在而加强，油和卵磷脂中的表面活性剂相结合，增强了渗透和润肤的效果。卵磷脂对皮肤具有优异的亲和性和渗透性，在膏霜中有广泛的应用，可以改善膏霜的肤感。

角鲨烷是由鲨鱼肝油中取得的角鲨烯经加氢反应而制得的，为无色透明、无味的油状液体，主要成分是异三十烷，是性能稳定的油性原料。研究表明，人体皮脂腺分泌的皮脂中约含有10%的角鲨烯、2.4%的角鲨烷，因此角鲨烷与人体皮肤的亲和性好，刺激性小。角鲨烷与矿物油相比，油腻感弱，并具有良好的皮肤浸透性、润滑性和安全性，是配制乳液、膏霜、口红等的原料。

2.矿物油性原料

矿物油是石油工业提供的各种饱和碳氢化合物，如白油、凡士林、地蜡是较常见的、使用频率较高的矿物油脂。白油按碳链长短的不同，分为不同的型号，在化妆品中的应用也不同。低分子量的白油，黏度较低，洗净和润湿效果强，但柔软性差；高分子量的白油，黏度较高，洗净和润湿效果差，但柔软性好。依其这些特性，白油被广泛用作各种膏霜、乳液等的原料。白色凡士林为透明状半固体，是膏霜、唇膏等的原料。地蜡为白色或微黄色固体，是膏霜、唇膏、口红等的原料。这些物质是完全非极性的，因此这些物质具有非凡的滋润性和成膜性。

白油和凡士林在化妆品乳化体系中主要用作油溶性润肤物质的载体，它们是有效的封闭剂，当敷于皮肤上后，烷烃的薄膜阻止了皮肤上水分的挥发，同时角质层可从内层组织补充水分而水合。白油和凡士林在某些产品（如按摩霜和保护霜）中可被用作表面润滑剂，对表皮起到短时润滑作用；在洁面制品中，用作油溶性污垢的溶剂。但由于白油和凡士林涂敷于皮肤有油腻和保暖的感觉，且不易清洗，过量使用会阻碍其他油脂的渗透，对上表皮层也无柔软和赋脂作用，因而应用有限。

3.合成油性原料

由天然动植物油脂经水解精制而得的脂肪酸、脂肪醇等单体原料，如硬脂酸（十八酸）、鲸蜡醇（十六醇）、胆甾醇、硬脂醇（十八醇）是护理类化妆品常用的固态油脂原料。

较常用的脂肪酸酯类有肉豆蔻酸异丙酯、肉豆蔻酸肉豆蔻醇酯、棕榈酸异丙酯、亚油酸异丙酯、苯甲酸十二醇酯、异硬脂酸异硬脂醇酯、脂肪酸乳酸酯、油酸癸酯、棕榈酸辛酯、硬脂酸辛酯等。这些酯类物质由于分子中酯基的存在而具有极性，流体酯类物质对皮肤的渗透性较其他滋润物质好，涂于皮肤上留下相对无油腻的膜。它能促进其他物质（如羊毛脂和植物油）的渗透，其优良的溶剂性能使原来不相混溶的油脂和蜡能相互混合，也能加强矿物油对皮肤表面的黏附。

硅油，如聚二甲基硅氧烷和混合的甲基苯基聚硅氧烷，是非极性的化学惰性物质，不像矿物油有强烈的油腻性。硅油同时具有润滑和抗水作用，在水和油的介质中都能有效地保护皮肤不受化学品的刺激。虽然烷烃和硅油都是非极性物质，但硅油既能抗水又能让水汽通过，因此在封闭性方面较烷烃差，而对既需要滋润又要避免出汗的特种制品是十分有利的。近年来，硅油有较大的发展，包括挥发性硅油、聚二甲基硅油、硅凝胶，对改善膏霜类产品的肤感有较大的影响。

（二）乳化剂

化妆品中乳化剂通常为表面活性剂与高分子聚合物。乳状液的稳定性，主要取决于乳化剂在油/水界面所形成界面膜的特性。作为乳化剂，不但要具备优异的乳化性能，使油和水形成均匀、稳定的乳化体系，而且形成的乳化体系要有利于各组分发挥其护理性能及功效。

由于乳化剂的化学结构和物理特性不同，因此其形态可从轻质油状液体、软质半固体直至坚硬的塑性物质，其溶解度从完全水溶性、水分散性直至完全油溶性。各种油性物质经乳化后敷于皮肤上可形成亲水性油膜，也可形成疏水性油膜。水溶性或水分散性乳化剂可以减弱烷烃类油或蜡的封闭性。如果乳化剂的熔点接近皮肤温度，则留下的油膜也可以减少油腻感。因此，选择不同的乳化剂可以配制成适用于不同肤质的护肤化妆品。

乳化剂的种类很多，有阴离子型、非离子型等。阴离子型乳化剂的乳化性能优良，但由于涂敷性能差、泡沫多、刺激性大，在现代膏霜中应尽量少用或不用。常用于化妆品乳化体系的乳化剂主要有以下几类。

1.脂肪醇聚氧乙烯醚系列

脂肪醇聚氧乙烯醚系列乳化剂具有良好的性价比,其稳定性较好,乳化性能良好,可以借助于 PIT(相转变温度)法制备乳状液。目前,常用的脂肪醇聚氧乙烯醚系列乳化剂主要由巴斯夫、禾大等公司提供,部分脂肪醇聚氧乙烯醚系列乳化剂如表 3-7 所示。表中 INCI 名称,即《国际化妆品原料标准中文名称目录》,是为规范国际化妆品原料标准中文名称命名,国家相关部门组织对美国个人护理用品协会出版的《国际化妆品原料字典和手册》中所收录的原料命名进行翻译而来。

表 3-7 脂肪醇聚氧乙烯醚系列乳化剂

INCI 名称	商品名	应用
鲸蜡硬脂醇/鲸蜡硬脂醇聚醚-20	Emulgin® 1000NI	O/W 型乳化剂,尤其适用于烫发产品、染发产品,稳定性好
山嵛醇聚醚-25	Eumulgin® BA25	O/W 型乳化剂,既能制备低黏度的乳液,也能形成高黏度的乳霜
鲸蜡硬脂醇/鲸蜡硬脂醇聚醚-30	Lanette® Wax Ao	O/W 型乳化剂,适用于制备乳液和乳霜,尤其适用于有色人种的护理产品,也适用于护发素、染发剂等
鲸蜡硬脂醇聚醚-12	Eumulgin® B1	O/W 型乳化剂,常常与具有较高 HLB 值的乳化剂如 Eumulgin® B3 等在含有脂肪醇的体系中组合使用
鲸蜡硬脂醇聚醚-20	Eumulgin® B2	O/W 型乳化剂
鲸蜡硬脂醇聚醚-30	Eumulgin® B3	O/W 型乳化剂,常常与具有较低 HLB 值的乳化剂如 Eumulgin® B1 等在含有脂肪醇的体系中组合使用
鲸蜡醇聚醚-20	Brij® C20	优秀的 O/W 型乳化剂/助乳化剂,常配合使用,可形成不同黏度的乳化体
硬脂醇聚醚-2	Brij® S2	Brij® S2/S721 为经典的 O/W 型乳化剂对,广泛用于各种 W/O 型乳化体系
硬脂醇聚醚-21	Brij® S21/S721	

2.烷基糖苷系列

赛彼科公司生产的 MONTANOV 系列乳化剂是由天然植物来源的脂肪醇和葡萄糖合成的糖苷类非离子 O/W 型乳化剂,如表 3-8 所示。其分子中的亲水和亲油部分由醚键连接,故具有卓越的化学稳定性和抗水解性能;与皮肤相容性好,特别是 MONTANOV

系列乳化剂可形成层状液晶，加强了皮肤类脂层的屏障作用，阻止透皮水分散失，可增强皮肤保湿的效果；液晶形成一层坚固的屏障，阻止油滴聚结，确保乳液的稳定性。采用 MONTANOV 系列乳化剂既可配制低黏度的乳液，又可配制高稠度的膏霜，且赋予制品滋润和光滑的手感。

表 3-8　烷基糖苷系列乳化剂

INCI 名称	商品代号	性能与应用
鲸蜡硬脂醇和鲸蜡硬脂基葡糖苷	MONTANOV 68	O/W 型乳化剂，兼具保湿性能。可用于配制保湿霜、婴儿霜、防晒霜、增白霜等
鲸蜡硬脂醇和椰油基葡糖苷	MONTANOV 82	O/W 型乳化剂，可乳化高油相含量（达 50%）产品，并在—25℃以下保持稳定，与防晒剂、粉质成分相容性好，可用于配制各种护肤霜
花生醇、山嵛醇和花生醇葡糖苷	MONTANOV 202	O/W 型乳化剂，可用于配制手感轻盈的护肤膏霜
$C_{14} \sim C_{22}$ 烷基醇和 $C_{14} \sim C_{22}$ 烷基葡糖苷	MONTANOV L	O/W 型乳化剂，可用于配制低黏度的乳液，非常稳定，且黏度不随时间而变化
椰油醇和椰油基葡糖苷	MONTANOV S	O/W 型乳化剂，对物理和化学防晒剂有优良的分散性，可用于配制各种 SPF（防晒系数）值的防晒产品

3.司盘和吐温系列

山梨醇酐脂肪酸酯（简称 Span 或司盘）及聚氧乙烯山梨醇酐脂肪酸酯（简称 Tween或吐温）系列产品，为非离子表面活性剂。司盘是由山梨醇和各种脂肪酸经酯化而成的，吐温则是司盘的环氧乙烷的加成物。其乳化、分散、发泡、湿润等性能优良，广泛用于食品、化妆品行业。化妆品中常用的司盘、吐温系列乳化剂如表 3-9 所示。

表 3-9　司盘、吐温系列乳化剂

INCI 名称	商品代号	性能与应用
失水山梨醇单月桂酸酯	Span-20	浅黄色液体，O/W 型助乳化剂，常与 Tween-20 配合使用，与其他 Tween 系列也可配合使用
失水山梨醇单棕榈酸酯	Span-40	白色固体，W/O 型乳化剂
失水山梨醇单硬脂酸酯	Span-60	白色到黄色固体，W/O 型乳化剂
失水山梨醇单油酸酯	Span-80	琥珀色液体，W/O 型乳化剂
聚氧乙烯（20）失水山梨醇单月桂酸酯	Tween-20	O/W 型乳化剂，可作为增溶剂，以及温和的非离子表面活性剂

INCI 名称	商品代号	性能与应用
聚氧乙烯（20）失水山梨醇单棕榈酸酯	Tween-40	O/W 型乳化剂，可作助乳化剂及粉体湿润剂
聚氧乙烯（20）失水山梨醇单硬脂酸酯	Tween-60	O/W 型乳化剂，尤其适合与 Span-60 配合
聚氧乙烯（20）失水山梨醇单油酸酯	Tween-80	O/W 型乳化剂

4.多元醇酯系列

多元醇酯是由多元醇的多个羟基与脂肪酸的憎水基相结合而形成的，属于非离子表面活性剂。它们多为水不溶性的，用途广泛，常作为 W/O 型乳状液的乳化剂，如表 3-10 所示。

表 3-10　多元醇酯系列乳化剂

INCI 名称	商品名	应用
甘油硬脂酸酯	Cutina® GMS	一种常用的水包油型乳化剂，适用于护肤和护发类化妆品和药用水包油类乳霜乳液的制备
甘油硬脂酸酯（SE）	Cutina® GMS-SE	一种典型的自乳化水包油型乳化剂，适用于护肤和护发类化妆品、水包油类乳霜乳液的制备
蔗糖多硬脂酸酯（和）氢化聚异丁烯	Emulgade® Sucro	蔗糖来源的极其温和的乳化剂，专门为敏感肌肤定制。适于面部、身体、婴幼儿和防晒等产品
聚甘油-3 二异硬脂酸酯	Plurol® Diisostearique CG	O/W 型乳化剂，不含 PEG 的乳化剂，适用于婴儿系列产品
聚甘油-6 二硬脂酸酯	Plurol® Stearique	O/W 型乳化剂，适用于敏感性肌肤和婴儿系列护理产品
聚甘油-6 二油酸酯	Plurol® Oleique CG	O/W 型乳化剂，通常适用于含较高油相的体系

该类表面活性剂是将甘油等多元醇的一部分羟基与脂肪酸发生酯化反应，剩余的羟基保留，作为亲水基。多元醇主要包括含 3 个羟基的甘油和三羟甲基丙烷、含 4 个羟基的季戊四醇和失水山梨醇、含 6 个羟基的山梨醇、含 8 个羟基的蔗糖以及含更多羟基的多聚甘油和棉子糖等。这类产品可以含有一个或几个酯键。代表性的产品有单脂肪酸甘油酯、二脂肪酸甘油酯、失水山梨醇高级脂肪酸酯和蔗糖高级脂肪酸酯等。这类表面活

性剂在水中的溶解度不高,仅能达到乳化分散状态,属于亲油性表面活性剂,在配方中常与亲水性表面活性剂复配使用。

如果将该类表面活性剂分子中剩余的羟基加成环氧乙烷,则可以得到各种 HLB 值的非离子表面活性剂,水溶性明显提高,具有更好的乳化力和增溶性。

5.阳离子表面活性剂

阳离子表面活性剂也可用作乳化剂,具有收敛和杀菌作用,同时阳离子乳化剂很适宜作为一种酸性覆盖物,能促使皮肤角质层膨胀,并对碱类起缓冲作用,故这类制品更适宜作为洗涤剂。阳离子表面活性剂也可以做护手霜类产品,以降低高含量矿物油带来的黏腻感。

6.高分子乳化剂

高分子表面活性剂一般是指分子量在数千以上、具有表面活性功能的高分子化合物,在其分子结构上有亲水性的基团,也有疏水性的基团,可以吸附于油/水界面上起到乳化的作用的,即为高分子乳化剂。常用的高分子乳化剂主要为聚丙烯酸酯类。高分子乳化剂对提高乳液的粒径均匀性、可控性、产品稳定性及应用性均有一定的优势,不需考虑 HLB 值和 PIT 需求等因素。常见的高分子乳化剂如表 3-11 所示。

表 3-11 高分子乳化剂

INCI 名称	商品名	应用
丙烯酸酯类/C10-30 烷醇丙烯酸酯交联聚合物	Pemulen™ TR-1 Polymeric Emulsifier	有效增稠、稳定体系,具有辅助乳化作用
丙烯酸酯类/C10-30 烷醇丙烯酸酯交联聚合物	Pemulen™ TR-2 Polymeric Emulsifier	有效增稠、稳定体系,具有辅助乳化作用
丙烯酸酯类/丙烯酰胺共聚物、白矿油和吐温 85	Novemer™ EC-1 Polymer	有效增稠、稳定体系,可在任意阶段加入
丙烯酸酯类/山嵛醇聚醚-25 甲基丙烯酸酯共聚物钠盐、氢化聚癸烯和月桂基葡糖苷	Novemer™ EC-2 Polymer	有效增稠、稳定体系,耐离子能力强,可在任意阶段加入
丙烯酸羟乙酯/丙烯酰二甲基牛磺酸钠共聚物	SEPINOV™ EMT10	可作为乳化剂、增稠剂等,具有优异的稳定特性
丙烯酸羟乙酯/丙烯酰二甲基牛磺酸钠共聚物	SEPINOV™ WEO	具有优异的稳定性,耐电解质,适用于不含环氧乙烷的配方
丙烯酰二甲基牛磺酸铵/VP 共聚物	Aristoflex AVC	用于稳定透明体系的凝胶剂以及水包油乳液

（三）保湿剂

皮肤保湿是化妆品的重要功能之一，因此在化妆品中需添加保湿剂。保湿剂在化妆品中有三方面的作用：对化妆品本身水分起保留剂的作用，以免化妆品干燥、开裂；对化妆品膏体有一定的防冻作用；涂敷于皮肤后，可保持皮肤适宜的水分含量，使皮肤湿润、柔软，不致开裂、粗糙等。

保湿剂主要为醇类保湿剂，主要品种有甘油、丙二醇、山梨醇、乳酸钠、吡咯烷酮羧酸盐、透明质酸钠、海藻糖、甜菜碱、神经酰胺等。

（四）流变调节剂

适宜的黏度是保证乳化体稳定并具有良好使用性能的主要因素之一。特别是乳液类制品，通常黏度越高（特别是连续相的黏度），乳液越稳定，但黏度太高，不易倒出，同时也不能成为乳液；而黏度过低，则使用不方便且易于分层。在现代膏霜配方中，为保证产品具有适宜的黏度，通常在 O/W 型制品中加入适量水溶性高分子化合物作为流变调节剂。由于这类化合物可在水中溶胀形成凝胶，在化妆品中的主要作用是增稠、悬浮，提高乳化和分散作用，因此用于制作凝胶状制品，对含无机粉末的分散体和乳液具有稳定作用。

水溶性高分子化合物包括天然和合成两类，主要品种有卡波树脂、羟乙基纤维素、汉生胶、羟丙基纤维素、水解胶原、聚多糖类等。

（五）其他

如营养剂，主要品种有葡聚糖、海藻提取液、氨基酸、水解动物蛋白液、天然丝素肽、人参提取液、银耳提取液等。另外，还有新型抗衰老活性成分、神经酰胺、维生素 E 多肽等。

五、配方示例与工艺

（一）护肤乳液

护肤乳液一般选择液态油脂，复配少量的固态油脂，油脂的加入量一般在 10%～20%，流变调节剂一般选择增稠性能不强的型号。乳液配方如表 3-12 和表 3-13 所示。

表 3-12　保湿乳液配方

组相	原料名称	质量分数/%
A 相	C_{16}～C_{18} 烷基糖苷	2.00
	鲸蜡硬脂醇	1.00
	合成角鲨烷	4.00
	辛酸/癸酸三甘油酯	5.00
	二甲基硅油（100cs）	3.00
	古朴阿苏果油	1.00
	维生素 E 醋酸酯	0.30
B 相	EDTA-2Na	0.10
	甘油	4.00
	汉生胶	0.20
	D-泛醇	0.30
	尿囊素	0.30
	水	加至 100
C 相	香精	适量
	防腐剂	适量

制备工艺：

（1）分别将 A 相中各组分加入容器 A 中，加热到 80℃；

（2）同时将 B 相中各组分加入容器 B 中，加热到 90℃（汉生胶用甘油预分散）；

（3）将 A 相加入 B 相均质 3 min；

（4）均质后，搅拌降温冷却，待产品冷却到 45℃后，加入 C 相各组分；

（5）继续搅拌冷却，降到室温即可。

表3-13　滋润乳液配方

组相	原料名称	质量分数/%
A相	氢化聚癸烯	3.00
	辛酸/癸酸三甘油酯	4.00
	二甲基硅油	3.00
	鲸蜡醇	1.20
	山嵛醇	0.50
	异十三醇异壬酸酯	4.00
B相	水	加至100
	卡波姆	0.12
	黄原胶	0.05
	甘油	3.00
	丁二醇	3.00
	甘油硬脂酸（SE）	1.00
	山嵛醇聚醚-20	1.50
	EDTA-2Na	0.03
C相	1%NaOH 水溶液	6.00
D相	防腐剂	适量
	香精	适量

制备工艺：

（1）将B相中的卡波姆与黄原胶分散在水中，充分搅拌分散均匀，加热至80℃；

（2）依次加入B相剩余组分，搅拌分散至体系均一；

（3）A相各组分混合均匀并加热至80℃；

（4）均质B相，缓慢加入A相，均质5 min，至体系均一；

（5）降温至40℃，加入C相及D相，搅拌均匀。

（二）护肤膏霜

护肤膏霜一般选择以液态油脂与固态油脂复配，油脂的加入量一般在 20%～30%，流变调节剂一般选择增稠性能比较明显的型号，相应配方示例如表3-14至表3-17所示。

表 3-14　保湿霜配方

组相	原料名称	质量分数/%
A 相	辛酸/癸酸三甘油酯	5.00
	合成角鲨烷	4.00
	甘油硬脂酸酯和 PEG-100 硬脂酸酯	2.50
	单甘酯	0.50
	棕榈酸异丙酯	2.00
	二甲基硅油（100cs）	1.00
	鲸蜡硬脂醇	1.50
	乳木果油	1.00
B 相	丙二醇	4.00
	甘油	3.00
	卡波姆 940	0.30
	透明质酸钠	0.03
	聚丙烯酰胺、$C_{13} \sim C_{14}$ 异链烷烃和月桂醇聚醚-7	0.50
	水	加至 100
C 相	氨甲基丙醇	0.15
D 相	香精	适量
	防腐剂	适量

制备工艺：

（1）分别将 A 相中各组分加入容器 A 中，加热到 80℃；

（2）同时将 B 相中各组分加入容器 B 中，加热到 90℃（透明质酸和卡波姆 940 用甘油和丙二醇预分散）；

（3）将 A 相加入 B 相均质 3 min；

（4）然后，将 C 相组分加入，均质 2 min；

（5）搅拌降温冷却，待产品冷却到 45℃后，加入 D 相各组分，均质 2 min；

（6）继续搅拌冷却，降到室温即可。

表 3-15　滋养护手霜配方

组相	原料名称	质量分数/%
A 相	$C_{16}\sim C_{18}$ 烷基糖苷	2.00
	单甘脂	0.50
	硬脂酸	3.50
	白油	9.00
	鲸蜡硬脂醇	2.50
	二甲基硅油（100cs）	1.50
	凡士林	2.00
	乳木果油	1.00
B 相	丁二醇	3.00
	甘油	5.00
	卡波姆 940	0.30
	透明质酸钠	0.03
	水	加至 100
C 相	三乙醇胺	0.30
D 相	香精	适量
	防腐剂	适量

制备工艺：

（1）分别将 A 相中各组分加入容器 A 中，加热到 80℃；

（2）同时将 B 相中各组分加入容器 B 中，加热到 90℃（透明质酸和卡波姆 940 用甘油和丙二醇预分散）；

（3）将 A 相加入 B 相均质 3 min；

（4）然后，将 C 相组分加入，均质 2 min；

（5）搅拌降温冷却，待产品冷却到 45℃后，加入 D 相各组分，均质 2 min；

（6）继续搅拌冷却，降到室温即可。

表 3-16　紧致眼霜配方

组相	原料名称	质量分数/%
A 相	鲸蜡硬脂醇橄榄油酸酯和山梨坦橄榄油酸酯	3.00
	单甘酯	1.00
	鲸蜡硬脂醇	3.00
	霍霍巴油	2.00
	棕榈酸异辛酯	5.00
	二甲基硅油（100cs）	1.00
	玫瑰果油	5.00
	维生素 E 醋酸酯	0.30
	红没药醇	0.30
B 相	丁二醇	3.00
	甘油	4.00
	汉生胶	0.20
	卡波姆 940	0.20
	透明质酸钠	0.05
	水	加至 100
C 相	氨甲基丙醇	0.10
D 相	多肽	3.00
	香精	适量
	防腐剂	适量

制备工艺：

（1）分别将 A 相中各组分加入容器 A 中，加热到 80℃；

（2）同时将 B 相中各组分加入容器 B 中，加热到 90℃（透明质酸和卡波姆 940 用甘油和丙二醇预分散）；

（3）将 A 相加入 B 相均质 3 min；

（4）然后，将 C 相组分加入，均质 2 min；

（5）搅拌降温冷却，待产品冷却到 45℃后，加入 D 相各组分，均质 2 min；

（6）继续搅拌冷却，降到室温即可。

表 3-17　滋润日霜配方

组相	原料名称	质量分数/%
A 相	氢化聚癸烯	3.50
	辛酸/癸酸三甘油酯	2.00
	二甲基硅油	4.00
	鲸蜡醇	2.50
	山嵛醇	2.00
	甘油三（乙基己酸）酯	5.00
B 相	水	加至 100
	卡波姆	0.10
	黄原胶	0.05
	甘油	5.00
	丁二醇	5.00
	甘油硬脂酸（SE）	2.00
	山嵛醇聚醚-20	2.50
	EDTA-2Na	0.03
C 相	1%NaOH 水溶液	3.00
D 相	防腐剂	适量
	香精	适量

制备工艺：

（1）将 B 相中的卡波姆与黄原胶分散在水中，充分搅拌分散均匀，加热至 80℃；

（2）依次加入 B 相中剩余组分，搅拌分散至体系均一；

（3）A 相各组分混合均匀并加热至 80℃；

（4）均质 B 相，缓慢加入 A 相，均质 5 min，至体系均一；

（5）降温至 40℃，加入 C 相、D 相各组分，搅拌分散均匀。

第四章 彩妆类化妆品配方及生产工艺

第一节 粉底液、BB 霜配方与生产工艺

一、产品概述

粉类化妆品演变历史基本上反映了化妆品行业原料与技术的发展历史。最开始用于美白的化妆品就是简单的粉，粉扑到面部，有美白的作用；但干粉扑在脸上会假白，而且容易掉妆。随着油脂、表面活性剂的发展，粉类美白产品演变为粉饼。与粉相比，粉饼中添加了油脂、保湿剂、黏合剂等，其附着性、着妆的自然性有很大提升，但其依然是以粉类原料为主的体系。扑到面部的粉类原料会吸湿，会从皮肤里面吸收水分，因此很容易出现起皮、发干的问题。

随着乳化剂的发展，乳化体系的技术有很大提升，粉类产品开始演变为粉底霜，粉底霜以水为基质，可以添加油脂、保湿剂，以缓解粉质原料带来的不良肤感；但是由于在粉底霜里需要添加一定量的粉类原料，因此对乳状液的稳定性及肤感又提出了新的要求。粉质原料在较高黏度的体系中容易稳定，但当在黏度较高体系中包含一定量的粉类原料时，产品往往难以铺展。随着粉质原料粒径控制技术的发展，粉类原料的粒径变小，表面分亲水性、亲油性及两亲性，这就为保证粉类原料在乳化体系中的稳定性提供了很好的解决方案，因此粉底霜逐步发展为粉底液。至此，粉类化妆品从粉、粉饼、粉底霜到粉底液，强调的均是以遮盖的方式美白。而后，随着市场的进一步发展，具有美白、润肤作用的 BB 霜随之诞生。BB 霜是集润肤、保湿、遮盖、提亮于一体的产品，其肤感也受到了消费者的认可。

二、产品配方结构

从配方结构上讲，粉底液、BB 霜没有太大的差别，其配方结构如表 4-1 所示。

表 4-1 粉底液、BB 霜的主要配方组成

结构成分	主要功能	代表性原料
油脂	赋予皮肤柔软性、润滑性、铺展性、渗透性	各种植物油、支链脂肪醇类、支链脂肪酸酯、硅油等
乳化剂	形成 W/O 或 O/W 体系	非离子表面活性剂、阴离子表面活性剂
流变调节剂	起分散和悬浮作用，增加稳定性，调节流变性，改善使用感	羟乙基纤维素、汉生胶、卡波姆等
保湿剂	角质层保湿	多元醇及透明质酸等
粉质原料	遮盖美白	二氧化钛、氧化锌等
防腐剂	抑制微生物生长	尼泊金酯类、甲基异噻唑啉酮类、甲醛释放体类、苯氧乙醇等
抗氧化剂	抑制或防止产品氧化变质	BHT、BHA、生育酚
着色剂	赋予产品颜色	酸性稳定的水溶性着色剂
香精和香料	赋香	酸性稳定的香精

三、设计原理

（一）粉质原料粒径与遮盖的关系

从理论上讲，固体粉末的粒径越大，越容易反射光线，但粒径大的颗粒排列不够紧密，颗粒间很容易形成缝隙，因而不能完全阻挡光线的穿过。同时，颗粒的粒径较大时，对肤感及体系的稳定性影响较大，且容易出现明显的涂白现象。因此，应用于粉底液、BB 霜产品中起到遮盖作用的粉质原料的粒径一般控制在 200～400 nm。

（二）粉质原料对乳化体系稳定性的影响

粉质原料密度比较大，很容易受重力作用而下沉，因此对体系稳定性的影响很大。如果粉质原料应用到体系中，其表面特性具备了乳化的性能，则不仅不会破坏体系的稳

定性，还会增强体系的稳定性，此时可以少加或不加其他类型的乳化剂。

在固体颗粒乳化过程中，主要影响因素有以下几方面：

（1）固体颗粒表面的润湿性。这是固体颗粒可以作为乳化剂的一个重要因素，润湿性一般用颗粒与水相的接触角 θ 表示：当 $\theta<90°$ 时，易形成 O/W 型乳液；$\theta>90°$ 时，易形成 W/O 型乳液；当 θ 在 90° 左右时，所得到的乳状液最稳定。

（2）固体颗粒的粒径。固体颗粒的粒径应远远小于被乳化液滴的粒径（一般是被乳化液滴的 0.1 倍，粒径一般小于 200 nm）。一般情况下，随着粒径的减小，被乳化体系的稳定性增强。但当粒径很小时，固体颗粒极易离开油/水界面，分散于体系中，使乳液不稳定。

（3）固体颗粒的浓度。颗粒在界面上的分布越密，乳化稳定性越高，但一般不超过体系总量的 30%。

（4）固体颗粒之间的相互作用。固体颗粒之间不能凝聚，但颗粒之间要有一定的絮凝作用，这样才能形成稳定的膜。颗粒之间完全的絮凝与不絮凝都不能形成稳定的乳液。同时，乳化体系的稳定性也受到体系中其他因素的影响，如 pH 值、离子浓度及表面活性剂、乳化剂等。

四、原料选择

相较于乳霜化妆品，粉底液、BB 霜里主要添加了粉质原料。应用于化妆品的粉质原料分为无机粉体、有机粉体及珠光颜料，而在粉底液、BB 霜中主要用到的是无机粉体和有机粉体。

（一）无机粉体

化妆品对粉质原料要求较高，故可用的无机粉体品种不多，一般都来自天然矿产粉末，主要有滑石粉、高岭土、氧化锌、钛白粉及膨润土等。

1.滑石粉

滑石粉是天然矿产的含水硅酸镁，性柔软，易粉碎成白色或灰白色细粉，主要成分是 $3MgO \cdot 4SiO_2 \cdot H_2O$。滑石粉具有薄片结构，它割裂后的性质和云母很相似，这种结构使滑石粉具有光泽和滑爽的特性。因产地不同，滑石粉的质地也不一样，成分也略有不同，以色白、有光泽和滑润者为上品，优质滑石粉具有滑爽和略黏附于皮肤的性质。化妆品用滑石粉，经机械压碎，研磨成粉末状，色泽洁白、滑爽、柔软，相对密度为2.7～2.8，不溶于水、酸、碱溶液及各种有机溶剂，其延展性为粉料类中最佳，但其吸油性及附着性稍差。在化妆品配方中，滑石粉与皮肤不发生任何化学作用，是制造香粉不可缺少的原料。

2. 高岭土

高岭土又称白（陶）土或磁（瓷）土，为白色或淡黄色细粉，略带黏土气息，有油腻感，主要成分是含水硅酸铝，以白色或微黄或灰色的细粉、色泽白、质地细者为上品。高岭土容易分散于水或其他液体中，对皮肤的黏附性好，有抑制皮脂及吸收汗液的功能。将其制成细粉，与滑石粉配合用于香粉中，能消除滑石粉的闪光性，且有吸收汗液的作用，被广泛应用于制造香粉、粉饼、水粉、胭脂等。

3. 氧化锌

氧化锌为无臭、无味的白色非晶形粉末，在空气中能吸收二氧化碳而生成碳酸锌，其相对密度为5.2～5.6，能溶于酸，不溶于水及醇，高温时呈黄色，冷却后恢复白色，以色泽洁白、粉末均匀而无粗颗粒为上品。氧化锌带有碱性，因而可与油类原料调制成乳膏，具有较强的着色力和遮盖力。此外，氧化锌对皮肤微有杀菌的作用。

4. 钛白粉

钛白粉的主要成分是 TiO_2，为白色、无臭、无味、非结晶粉末，化学性质稳定，折射率高（可达2.3～2.6），不溶于水和稀酸，溶于热浓硫酸和碱。钛白粉是一种重要的白色颜料，也是迄今为止世界上最白的物质，在白色颜料中其着色力和遮盖力都是最高的，着色力是氧化锌的4倍，遮盖力是氧化锌的2～3倍。钛白粉的吸油性及附着性亦佳，只是其延展性差，不易与其他粉料混合均匀，故常与氧化锌混合使用，用量常在10%以内。

5. 膨润土

膨润土又名皂土，是黏土的一种，取自天然矿产，主要成分为 Al_2O_3 与 SiO_2，为胶体性硅酸铝，是具有代表性的无机水溶性高分子化合物。不溶于水，但与水有较强的亲和力，遇水则膨胀到原来体积的8～10倍，加热后失去吸收的水分，当 pH 值在7以上时，其悬浮液很稳定。但膨润土易受电解质的影响，当酸、碱过强时，易产生凝胶。在化妆品中可用作乳液体系的悬浮剂及粉饼中的体质粉体。

（二）有机粉体

有机粉体原料，如聚苯乙烯、尼龙粉体、PMMA（聚甲基丙烯酸甲酯）粉体以及PMMA 粉体与其他物质形成的共聚合粉体在化妆品中广泛应用。粉体粒子的形状影响着粉体的流动性、附着性、成形性等，它不只影响化妆品的基本性能，还对化妆品使用时的感触性、修饰和持久性有很大影响。

五、配方示例与工艺

粉底液与 BB 霜按照乳状液类型可以分为 O/W 型、W/O 型；按照不同使用性能，可以分为保湿型、滋润型、遮盖型等。相比较而言，BB 霜有更好的滋润、保湿性能。

（一）滋润型 BB 霜

滋润型 BB 霜在配方设计过程中，主要考虑添加一定量的油脂，这时二氧化钛等固体粉末原料需要适当控制，同时借助于色素对皮肤的提亮作用。配方示例如表 4-2所示。

表 4-2　滋润型 BB 霜配方

组相	原料名称	质量分数/%
A 相	PEG-10 聚二甲基硅氧烷	3.00
	鲸蜡基 PEG/PPG-10/1 聚二甲基硅氧烷	0.60
	甘油三（乙基己酸）酯	2.00
	甲氧基肉桂酸乙基己酯	7.00
	聚乙烯	0.80
	碳酸二辛酯	5.00
	蜂蜡	0.60
	羟苯丙酯	0.10
B 相	二硬脂二甲铵锂蒙脱石	1.20
	聚二甲基硅氧烷和聚二甲基硅氧烷/乙烯基二甲基硅氧烷交联聚合物	5.00
	环五聚二甲基硅氧烷/环己硅氧烷	16.00

组相	原料名称	质量分数/%
C 相	二氧化钛/三乙氧基辛基硅烷/氢氧化铝	5.00
	甲基丙烯酸甲酯交联聚合物	2.00
	氧化锌	4.00
	氧化铁黄 (CI 77492)	0.60
	氧化铁红 (CI 77491)	0.10
	氧化铁黑 (CI 77499)	0.08
D 相	去离子水	加至 100
	丁二醇	3.00
	甘油	5.00
	氯化钠	0.90
	EDTA-2Na	0.05
	苯氧乙醇	0.40
	羟苯甲酯	0.20
E 相	香精	0.10

制备工艺：

（1）将 A 相原料和 B 相原料分别依次加入油相容器 A 中和水相容器 B 中，搅拌加热至 80~85℃，溶解分散均匀后，分别保温在 70~75℃，备用；

（2）依次将 C 相原料加入混粉机中，高速混粉 3 次，确保色粉分散均匀；

（3）保温在 70~75℃，均质 A 相，加入预先分散均匀的 B 相，均质 5 min，分散均匀后加入预先混合均匀的 C 相，高速均质 10 min，确保原料分散均匀；

（4）将上述得到的料体保温在 70~75℃，低速均质条件下，缓慢加入溶解均匀的 D 相，注意 D 相保温在 70~75℃；

（5）完全加入 D 相后，高速均质乳化 10 min，乳化温度控制在 70~75℃；

（6）乳化结束后，开始冷却降温，缓慢搅拌冷却至 40~45℃，加入 E 相，高速均质 1 min；

（7）继续缓慢搅拌冷却至 35℃，测黏度。

（二）保湿型 BB 霜

保湿型 BB 霜在配方设计过程中，主要考虑添加一定量的保湿剂，这时二氧化钛等固体粉末原料需要适当控制，同时借助于色素对皮肤的提亮作用。配方示例如表 4-3 和表 4-4 所示。

表 4-3 保湿型 BB 霜配方

组相	原料名称	质量分数/%
A 相	PEG-10 聚二甲基硅氧烷	2.50
	月桂基 PEG-9 聚二甲基硅氧乙基聚二甲基硅氧烷	2.00
	苯基聚三甲基硅氧烷	8.00
	甲氧基肉桂酸乙基己酯	7.00
	环五聚二甲基硅氧烷和丙烯酸酯/聚二甲基硅氧烷	2.00
	聚二甲基硅氧烷	2.00
B 相	二硬脂二甲铵锂蒙脱石	1.00
	聚二甲基硅氧烷和聚二甲基硅氧烷/乙烯基聚二甲基硅氧烷交联聚合物	3.00
	环五聚二甲基硅氧烷/环己硅氧烷	14.00
	三甲基硅烷氧基硅酸酯	2.00
C 相	二氧化钛/三乙氧基辛基硅烷/氢氧化铝	5.00
	二氧化钛	5.00
	云母/三乙氧基辛基硅烷	1.20
	氧化铁黄（CI 77492）	0.80
	氧化铁红（CI 77491）	0.20
	氧化铁黑（CI 77499）	0.08
D 相	去离子水	加至 100
	1,3-丁二醇	3.00
	甘油	5.00
	氯化钠	0.90
	EDTA-2Na	0.05
	戊二醇	2.00
	苯氧乙醇/乙基己基甘油	0.75
E 相	香精	0.10

65

制备工艺：

（1）分别将 A 相原料和 D 相原料加入油相容器和水相容器中，搅拌溶解均匀；

（2）依次将 B 相原料加入另一容器中，搅拌分散均匀；

（3）依次将 C 相原料加入混粉机中，高速混粉 3 次，确保色粉分散均匀；

（4）常温状态下低速均质 A 相加入上述分散均匀的 B 相，均质 5 min，分散均匀后加入预先混合均匀的 C 相，常温状态下高速均质 10 min，确保分散均匀；

（5）保持低速均质状态下，将溶解均匀的 D 相慢慢滴入上述油相烧杯中，确保加入的水完全进入油相中，用时约 10 min；

（6）D 相完全加入后，高速均质乳化 10 min；

（7）加入 E 相，高速均质 1 min；

（8）乳化结束后，开始冷却降温，缓慢搅拌冷却至 35℃，测黏度。

表 4-4　轻盈保湿 BB 霜（O/W 型）配方

组相	原料名称	质量分数/%
A 相	$C_{20} \sim C_{22}$ 醇磷酸酯，$C_{20} \sim C_{22}$ 醇	2.50
	甘油硬脂酸酯，PEG-100 硬脂酸酯	2.00
	棕榈酸乙基己酯	7.00
	碳酸二辛酯	5.00
	辛酸/癸酸甘油三酯	5.00
	聚二甲基硅氧烷	4.00
B 相	二氧化钛	5.00
	铁黄	0.40
	铁红	0.14
	铁黑	0.08
	滑石或云母	0.38
C 相	聚丙烯酸酯交联聚合物-6（Sepimax ZEN）	0.80
	甘油	5.00
	黄原胶	0.20
	EDTA-2Na	0.05
	木糖醇	1.00
	水	加至 100
D 相	三乙醇胺	0.33

组相	原料名称	质量分数/%
E 相	防腐剂	适量
	香精	适量

制备工艺:

(1) 将 B 相原料依次加入混粉机中,高速粉碎确认色粉均匀分散;

(2) 将 A 相原料依次加入油相容器中,搅拌加热至 80~85℃,确认溶解分散均匀,将预先处理好的 B 相加入油相容器中,搅拌分散均匀,温度恒定在 80~85℃;

(3) 预先在水相容器中将原料 Sepimax ZEN 均匀分散在甘油中,再依次加入 C 相其他原料,搅拌加热至 80~85℃,确认溶解分散均匀;

(4) 在均质条件下,将油相加入水相中,加好后高速均质 10 min;

(5) 搅拌降温至 45℃ 左右,加入 D 相,低速均质 3 min 左右,调节 pH 值至中性;

(6) 搅拌降温至 45℃ 左右,加入 E 相,搅拌分散均匀。

(三)无瑕粉底液

无瑕粉底液主要强调产品在使用过程中自然地提亮肤色,不会有明显的涂白现象。这类产品配方设计主要考虑:①遮盖性钛白粉含量高,可以遮盖皮肤瑕疵;②化学防晒剂和纳米级物理防晒剂复配,可以在修饰妆容的同时达到很好的防晒效果;③选择 Si/W(水包硅油)类和烷基糖苷类乳化剂进行复配,能够很好地乳化油相,确保体系稳定性。无瑕粉底液配方示例如表 4-5 所示。

表 4-5 无瑕粉底液(W/O 型)配方

组相	原料名称	质量分数/%
A 相	月桂基 PEG-10 三(三甲基硅氧基)硅乙基聚甲基硅氧烷	1.20
	环五聚二甲基硅氧烷,辛基聚二甲基硅氧烷乙氧基葡糖苷	5.00
	PEG-9 聚二甲基硅氧乙基聚二甲基硅氧烷	1.00
	硬脂氧基聚二甲基硅氧烷	0.50
	三甲基硅烷氧苯基聚二甲基硅氧烷	3.00
	鲸蜡醇乙基己酸酯	3.00

组相	原料名称	质量分数/%
A 相	甲氧基肉桂酸乙基己酯	5.00
	聚甲基硅倍半氧烷	0.50
	三甲基硅烷氧基硅酸酯	1.50
	环五聚二甲基硅氧烷	10.00
	丁基辛醇水杨酸酯	3.00
	环五聚二甲基硅氧烷，棕榈酸乙基己酯，季铵盐-90 膨润土，碳酸丙二醇酯	0.80
	二甲基甲硅烷基化硅石	0.30
	环五聚二甲基硅氧烷，聚二甲基硅氧烷/乙基聚二甲基硅氧烷交联聚合物	3.00
B 相	二氧化钛	6.50
	氧化锌	2.00
	纳米级二氧化钛	4.00
	铁黄	0.65
	铁红	0.35
	铁黑	0.10
C 相	甘油	6.00
	丙二醇	4.00
	氯化钠	1.00
	水	加至 100
D 相	防腐剂	适量
	香精	适量

制备工艺：

（1）将 B 相中的原料依次加入混粉机中，高速粉碎确认色粉均匀分散；

（2）将 A 相中的原料依次加入油相容器中，搅拌加热至 80～85℃，确认溶解分散均匀，将预先处理好的 B 相加入油相容器中，搅拌分散均匀，温度恒定在 80～85℃；

（3）将 C 相中的原料依次加入水相容器中，搅拌加热至 80～85℃，确认溶解分散均匀；

（4）在均质条件下，将水相缓慢加入油相中，加好后高速均质 10 min；

（5）搅拌降温至 45℃左右，加入 D 相，搅拌分散均匀。

第二节 粉饼类产品配方
及生产工艺

一、产品分类

（一）粉饼

粉饼是第二次世界大战后发展的产品，如今已逐渐取代散白粉，为广大女性所欢迎，成为最常用的补妆产品之一。粉饼是由粉状白粉压制而成的化妆品，其形状随容器形状而变化。一般粉饼的包装精美，附有粉扑和小镜子等配件，随身携带方便，使用时粉末飞扬少。粉饼主要供补妆用，即修补化妆的不均匀部位及脱落部位。

粉饼由于剂型不同，在产品使用性能、配方组成和制造工艺上有差别。除要求粉饼具有良好遮盖力、柔滑性、附着性和组成均匀等特性外，还要求粉饼具有适度的机械强度，使用时不会碎裂；并且使用粉扑或海绵等附件从粉饼中取粉时，较容易附着在上面；同时可均匀地涂抹在皮肤上，不会结团，不感到油腻。通常，粉饼中添加有较大量的胶态高岭土、氧化锌和金属硬脂酸盐，以改善其压制加工性能。如果粉体本身的黏结性不足，那么添加少量的黏合剂可形成较牢固的粉饼。可以使用水溶性黏合剂、油溶性黏合剂和乳化体系的黏合剂。水溶性黏合剂在配方中的质量分数约为 0.1%～3.0%，一般先配制成 5%～10% 的水溶液，然后与粉体混合。水溶性黏合剂可以是天然或合成的水溶性聚合物，一般常用低黏度的羧甲基纤维素，通常还添加少量的保湿剂。油溶性黏合剂包括硬脂酸单甘酯、十六醇、十八醇、脂肪酸异丙酯、羊毛脂及其衍生物、地蜡、白蜡和微晶蜡等。甘油、山梨醇、葡萄糖等以及其他滋润剂的加入能使粉饼保持一定水分，不致干裂。

（二）腮红（胭脂）

腮红或称胭脂，是一种用于面颊着色的古老的美容化妆品。古代赫梯人利用辰砂、古希腊人利用植物根部为面颊着色，罗马人用海藻使苍白面颊呈玫瑰红色。早期人类主要使用天然颜料作为胭脂的着色剂，如红赭石、朱砂、胭脂红、红铅、红花素、檀香木和巴西苏木提取物等。现今，胭脂所用的着色剂主要是一些无机颜料以及药品、化妆品中允许使用的色淀。胭脂是涂敷在面颊部位的化妆品，能使面颊具有立体感，呈红润色泽。胭脂中的着色剂一般使用红色系颜料。近年来，随着市场产品的细分，产品的颜色品种增加，使用着色剂的范围有所扩大，也使用褐色、蓝色、古铜色和米色等。

胭脂也可制成各种剂型，一般使用固态制品。这里主要介绍粉饼型腮红。其基质和粉饼所用基质大致相同，主要为滑石、云母、高岭土、钛白粉，再配入一些球形二氧化硅、尼龙粉等。粉饼型腮红和一般粉饼的组成接近，制造工艺也相同。

（三）眼影

眼影是涂在眼睑和眼角上，产生阴影和色调反差，显出立体美感，达到强化眼神，使眼部显得更美丽动人的制品。

眼影色调是眼部用化妆品最多彩的，有蓝、青、绿、棕、茶、褐和紫色等，其他供调色用的有黑、白、红、黄色。眼影的色调随流行色调而变化，带有潮流趋向，并应配合不同肤色、服装、季节和交际场合的需要。

眼影必备的性质如下：

（1）易涂抹混合成均匀的色调，附着作用好；

（2）涂层呈哑光，不产生油光；

（3）颜色不会因阳光、皮脂和汗水作用而发生变化；

（4）涂膜不会被汗液和皮脂破坏，化妆持久性好；

（5）由于涂在眼睛的周围，故安全性好。

二、产品配方结构

粉饼主要成分为基质粉体、着色颜料、白色颜料、油性黏合剂、防腐剂和香精。各成分的代表性原料及功能如表 4-6 所示。

表4-6　粉饼的基本配方组成

组分		代表性原料	主要功能
基质粉体	无机填充剂	滑石粉、高岭土、云母、绢云母、碳酸镁、碳酸钙、硅酸镁、二氧化硅、硫酸银、硅藻土、膨润土	具有铺展性，起填充作用
	有机填充剂	纤维素微球、尼龙微球、聚乙烯微球、聚四氟乙烯微球、聚甲基丙烯酸酯微球	提高滑感
	天然填充剂	木粉、纤维素粉、丝素粉、淀粉、改性淀粉	—
着色颜料	白色颜料	钛白粉、氧化锌	遮盖
	有机颜料	食品、药品及化妆品用焦油色素	着色
	无机颜料	红色氧化铁、黄色氧化铁、黑色氧化铁、群青、氧化铝、氢氧化铝、赭石、炭黑	
	天然颜料	胡萝卜素、花红素、胭脂红、叶绿素、藻类	
	珠光颜料	鱼鳞箔、氯氧化铋、云母钛、鸟嘌呤、铝粉	赋予光泽
黏合剂		聚二甲基硅氧烷、苯基硅油、辛基十二烷基硬脂酰硬脂酸酯、矿物油	提高粉体可压性、保湿性

三、设计原理

　　粉饼配方主要由作为基质的粉体原料、色素，以及作为黏合剂的油相组成。粉体原料根据粒子形状分为片状、球形以及介于二者之间的不规则形状。其中，片状粉体本身可压性比较好，如滑石粉、氮化硼等。而大部分的球形粉体，如二氧化硅、PMMA、尼龙粉等可压性比较差，如果在配方中加入量太大，会影响粉体的硬度和抗摔性，但这些球形粉体可以改善粉体的滑感和涂抹性能，常作为肤感改良剂使用。在粉体中加入油性黏合剂可以增加粉体自身的黏结力，从而提高可压性，改善硬度和抗摔性。常用作油性黏合剂的油脂原料有聚二甲基硅氧烷、苯基硅油、辛基十二烷基硬脂酰硬脂酸酯、甘油三酯、二异硬脂醇苹果酸酯、羊毛脂等。

　　粉饼配方设计需要考虑：原料的安全性、使用性能及稳定性能。在安全性方面，所添加原料的重金属及微生物含量必须符合《化妆品安全技术规范》的规定，原料不得含有禁用物质，如滑石粉中不得检出石棉等。在使用性能方面，需考量粉体的涂抹性能、遮盖效果、显色效果、妆容持久性等。在稳定性能方面，需检查粉饼在保存期内、运输和使用过程中物理化学性质的稳定性，这些项目可通过高低温留样测试、跌落测试和运输测试来检查。

四、原料选择

由于粉饼类化妆品与粉底液、BB 霜一样，都添加了粉质原料，因此它们的原料选择有相似之处，如都有滑石粉、高岭土、氧化锌、钛白粉、膨润土。这里主要介绍云母粉、硅石、氮化硼。

（一）云母粉

云母是一组复合的水合硅酸铝盐的总称。种类较多，不同种类的云母具有不同的晶系，多为单斜晶系，晶体常呈假六方片状。用于化妆品的云母粉主要是白云母和绢云母。白云母质软、带有光泽，可与大多数化妆品原料配伍。绢云母制得的产品触感柔软、平滑，其粒子不会团聚，易加工成粉饼、香粉、湿粉和乳液等，并可防止其他颜料分离，有助于颜料分散，有优异的可铺展性和皮肤黏附作用。

云母粉是含粉类化妆品的重要原料，用于制造香粉、粉饼、胭脂、爽身粉、粉底霜和乳液等。

（二）硅石

硅石化学名为二氧化硅。二氧化硅是无色透明的结晶或无定形粉末，无味。相对密度为 2.1～2.3，在化妆品中性质稳定，配伍性好。市售的球状微珠二氧化硅是用二氧化硅制成的 2～13 μm 大小、润滑的微珠。由于这些微珠具有"球轴承"作用，因此能赋予粉类化妆品极好的润滑性。这种中空的微球具有很好的吸附性能，可吸附大量亲油性的物质（如防晒剂、润滑剂和香精等）。微球的密度低，能使被吸附的物质均匀分散，形成稳定的体系。此外，这种微球粒度分布均匀，化学稳定性和热稳定性高，无臭、无味、不溶于水，无腐蚀性，不会潮解，可在所有的化妆品中使用。还有一种非多孔型二氧化硅微珠，在粉饼产品中不吸附黏合剂。

（三）氮化硼

氮化硼颗粒带有静电粒子，在化妆品中加入 3%～30%的氮化硼粉末，可增强化妆品的附着力和遮盖力，打造恒久动人、纯净完美的妆容。氮化硼粉末为六方晶体，六方晶体的平行面具有良好的滑移特性，用其制作的彩妆品紧致、易涂抹，并易于清洁去除，这种粉末中有大且平的晶粒，即使不加闪光材料，也会呈现半透明、晶莹光洁的效果，可以用在散粉、粉饼、口红、唇彩、眉笔、眼线笔、皮肤护理品及爽身粉等产品中。加入化妆品配方中，有晶莹剔透、轻盈光洁、自然亮泽的完美效果。

五、配方示例与工艺

（一）粉饼的配方示例及制备工艺

随着粉体表面处理技术的发展，粉饼的生产工艺也有很大的改进。粉饼的生产工艺有两种：湿法和干法。干法制备的配方如表 4-7 所示。

表 4-7 粉饼配方

组相	原料名称	质量分数/%
A 相	滑石粉	73.0
	二氧化钛	7.2
	硅石	10.0
	氧化铁黄	0.6
	氧化铁红	0.3
	氧化铁黑	0.1
	硬脂酸锌	3.0
	乙酰化羊毛脂	0.6
	聚二甲基硅氧烷	4.8
B 相	防腐剂	适量
C 相	香精	0.2

表 4-7 所示配方属于干法制备粉饼，干法适于大规模生产，主要是需要使用较大的压力。配制方法是将 A 相在螺条式混合器中混合约 1 h，然后将预先充分混合好的 C 相

加入混合器中，混合约 2 h 后，通过粉磨机研磨，并通过 40～45 目筛。整个操作过程中，物料的温度不允许比室温高出 10℃。冷却后，混合粉料再重新通过粉磨机。将筛过的粉料置于螺条式混合机内，边搅拌边喷入预先熔化好的呈液态的 B 相，搅拌 5 h，待冷却后喷入香精。然后，通过造粒机造粒，再通过粉磨机，并通过 25 目筛。冷却后通过 40 目筛，在筛分过程中需确保不发热，不使温度升高，以免造成香精挥发。最后将制得的粉料填充在容器内，加压成型，一般加压 300 kPa 即可将粉末压成粉饼。通常在加压成型前，将制得的粉料在适当的湿度下存放几天，排出粉体内部的气泡，保证压制时粉体不会太干。在干压成型的过程中，一般在开始时加较小的压力，将空气挤出，避免在粉饼内形成气孔。然后在压模离开粉饼表面以前，加压至 1 000 kPa。如果配方合适，粉料加工精良，可直接加压至 4 MPa 加压成型。

（二）粉饼型腮红的配方示例及制备工艺

粉饼型腮红和一般粉饼的组成接近，制造工艺也相同，其参考配方如表 4-8 所示。

表 4-8 腮红配方

组相	原料名称	质量分数/%
A 相	滑石粉/聚二甲基硅氧烷	42.0
	云母/聚二甲基硅氧烷	30.0
	绢云母	15.0
	硬脂酸锌	2.5
	颜料	2.0
B 相	辛基十二烷基硬脂酰硬脂酸酯	3.5
	聚二甲基硅氧烷	3.0
	山梨坦倍半油酸酯	1.0
	防腐剂	适量
C 相	香精	适量

（三）粉饼型眼影的配方示例及制备工艺

粉饼型眼影和一般粉饼的组成接近，制造工艺也相同，其参考配方如表4-9所示。

表4-9 粉饼型眼影配方

组相	原料名称	质量分数/%
A 相	滑石粉	31.0
	氮化硼	10.0
	肉豆蔻酸镁	3.0
	硅石	2.0
	颜料	5.0
	珠光颜料	32.0
B 相	异硬脂醇新戊酸酯	7.0
	聚二甲基硅氧烷	6.0
	矿油	1.5
	防腐剂	适量
C 相	香精	适量

第三节 唇膏类化妆品配方及生产工艺

一、产品分类

（一）唇膏

1.唇膏的作用

唇膏通常是指油膏类的唇部美容化妆品，包括以润唇为主的非着色型（即通常所说的润唇膏）和着色型（即通常所说的口红）。使用唇膏可勾勒唇形，润湿、软化唇部，保护唇部不干裂，属使用极为普遍、消费量极大的化妆品类型。唇膏类美容化妆品的主要功能是保护唇部肌肤，修饰双唇的轮廓，彰显女性特殊魅力。

具体来说，唇膏的作用有以下几方面：

（1）使用唇膏可赋予嘴唇以诱人的色彩。

（2）使用唇膏可突出嘴唇的优点，掩盖其缺陷，如使用唇膏可令较薄的嘴唇显得丰满立体，使较厚的嘴唇变薄。适当地使用唇膏，还能修饰整个面部轮廓。

（3）采用滋润型唇膏，能赋予嘴唇湿润的外观，同时还能起到软化唇部的作用。

（4）现有专门用于防止嘴唇干裂的保湿修护润唇膏，这种唇膏适宜于男女老幼，是一种理想的护唇用品。有的唇膏中还添加了防晒剂，来保护嘴唇免受紫外线的伤害。

2.唇膏的特征

唇膏类化妆品可直接应用于嘴唇，嘴唇是面部皮肤的延伸，在口腔内与黏膜相连。其角质层比一般皮肤薄，且无毛囊、皮脂腺、汗腺等附属器官，但有唾液腺。两唇不仅角质层薄，颗粒层也薄，所以颗粒层中的颗粒及黑色素皆已不存在，以致真皮乳头的毛细血管呈现出透析红色，两唇显红润。

根据唇部皮肤的特点和唇部美容化妆品的功能，唇部用品应该具备以下特征：

（1）绝对无毒和无刺激性。唇膏最易随着唾液或食物进入体内，若有毒性，会危害健康。因此，唇膏所用原料应是可食用的（食品级原料）。嘴唇与口腔黏膜相靠近，它对刺激相当敏感，若接触香料中的醛和酮类成分，可能会引起水泡或发炎；而且要求着色剂（染料、色淀和颜料）的重金属含量比一般化妆品要低。

（2）具有自然、清新的味道。必须使用安全可食用的食品级香料，令人产生舒适感或清爽感，同时长期使用，也不致有厌恶感。

（3）外观诱人，颜色鲜艳和均匀，表面平滑，无气孔和结粒。涂抹时平滑流畅，不与水分发生乳化，有较好的附着力，能保持相当的时间，但又不至于很难卸除。

（4）质量稳定，不会因油脂和蜡类原料氧化而产生异味或出现"冒汗"现象等，也不会因在制品表面产生粉膜而失去光泽。在保管和使用时不会折断、变形和软化，能维持其圆柱状，也不会成片、结块和破碎，有较长的货架寿命。

（5）无微生物污染。

3.唇膏的类型

一般来说，从色彩上唇膏大致分为三种类型，即原色唇膏、变色唇膏和无色唇膏，从功用上可分为滋润型、防水型、不沾杯型和防晒型。

下面具体介绍原色唇膏、变色唇膏和无色唇膏。

（1）原色唇膏。原色唇膏是最普遍的一种类型，有各种不同的颜色，常见的有大红、桃红、橙红、玫红、朱红等，由色淀等颜色制成，为增加色彩的牢附性，常和溴酸红染料合用，现代唇膏的色彩更强调衍生出来的各种中间色，且向深色（棕、紫）调发展，甚至出现绿、蓝色调。另外，原色唇膏中经常添加具有璀璨光泽的珠光颜料，称为珠光唇膏，涂擦后唇部可显现闪烁的光泽，充满青春的魅力，能提高化妆效果。

（2）变色唇膏。变色唇膏内仅使用溴酸红染料而不加其他不溶性颜料，将这种唇膏涂擦在唇部时，其色泽立刻由原来的淡橙色变成玫瑰红色，故称为变色唇膏。变色唇膏的着色剂只有溴酸红染料（四溴荧光素），其色泽是淡橙色，由于它的酸碱度与唇部皮肤不同，而皮肤有自动调节酸碱度的能力，所以当这种唇膏接触唇部后，其酸碱度达到唇部酸碱度时，色泽即刻由淡橙色变成玫瑰红色。

（3）无色唇膏。无色唇膏不加任何色素，其主要作用是滋润柔软嘴唇、防裂、增加光泽。

（二）唇蜜/唇彩/唇油

不同于唇膏含有大量的高熔点蜡基类原料，唇蜜/唇彩/唇油是一类硬度或黏度都相对较低的唇部护理美化产品。区别于唇膏的直接使用方式，此类产品通常匹配海绵刷和扁头硅胶刷，使用感上更柔软。

该类产品的肤感比唇膏偏软润，产品在唇部的残留感更强。同时，因为刷头蘸取式的取料方式，配方设计不需要像唇膏那样考虑硬度、折断、脱落等因素，所以可以在产品表现上有更大的发挥余地，如大量选择高珠光、高成膜、高光泽度、哑光雾感原料。

作为唇部产品，此类产品在安全性、香味舒适度、着色剂的选择、微生物的控制等方面和唇膏有同样严格的要求。

一般来讲，在体系上，此类产品大致分为两种类型：稳定体系和不稳定体系。从在唇部肌肤的色彩表现力上看，可分为高光泽型和哑光雾感型。

（1）稳定体系。顾名思义，就是内容物始终呈现的是完整均一的料体形态，直接使用即可，市面上大多数的产品都属于这种体系。该体系料体流动性一般，或者较差。

（2）不稳定体系。其内容物具有很好的流动性，产品静置一段时间后着色剂和里面的轻质油脂处于明显的分离状态，需要摇匀后使用。正是由于不受增稠稳定剂的约束，才有了这种特别轻质的产品。唇感轻薄，薄的色彩表面附着度也给唇部妆容带来更灵动的感觉。

（3）高光泽型。通常是唇膏体系中添加了折射率较高的油脂，如苯基聚三甲基硅氧烷、十三烷醇偏苯三酸酯等，从而在唇部呈现出高光泽感，并且对着色剂也有很好的分散性，带来均一的质感。

（4）哑光雾感型，这是近几年唇部产品的流行趋势。黄色人种相较于白色人种，五官的立体感差，肤色比较暗。光泽度高的彩妆产品容易呈现"脏脏"的妆感，而哑光雾感型可以修正这种"反光"效果，增强唇部的立体感和自然感，更好地烘托出东方女性自然、淡雅的气质。通常，此类唇膏配方体系中会添加较多的云母粉、高岭土以及二氧化硅，以起到一定的消光作用，同时使用折射率较低的油脂来进行复配，达到哑光雾感效果。

（三）唇釉

提到唇釉，YSL（圣罗兰）一定会被提起，正是其最有历史的金色纯色唇釉掀起了全球唇部产品的变革，让大家意识到原来唇部产品也可以兼具护肤品的质地和色彩美化功能，从而给唇部产品增加了这一个创新品类。相较于 W/O 体系唇膏和唇蜜等"小打小闹"的概念宣称，唇釉在真正意义上做到了完全乳化，具有较高的含水量。唇部产品以往的"够滋润，不够水润"的难题也终于得到了解决。

从乳化体系上来分析，唇釉一般分为油包水型和水包油型。

（1）从世界上第一支唇釉出现到现在，基本上都是以油包水为主。毕竟作为唇部美化产品，大量的着色剂在油相为外相的体系中容易得到更好的分散，色彩稳定性更好，防水成膜效果也更显著。

（2）水包油型虽然有个别一线品牌推出，但是肤感始终不尽如人意，也许是出于稳定性的考虑，其纤维素的含量比较高，无法实现足够水润的预期肤感。如果能够以水包油型产品体系并添加可以促进渗透的活性成分，便可给唇部带来真正意义上的"深层"养护。

（四）其他

近年来，很多品牌推出了一些小的唇部彩妆品类，如唇膜、唇染、唇漆等。虽然产品形态有些差异，但大致体系还是遵循上面三种主要架构。

越来越多的消费者意识到唇部护理的重要性，今后，唇部产品将向多元化、分步护理化的方向发展，将会出现更多创新性的产品类别。

二、产品配方结构

（一）唇膏

唇膏的基质组分主要包括着色剂、油脂和蜡类、香精和防腐剂等，其代表性原料及功能如表4-10所示。

表4-10　唇膏的基本配方

组分		代表性原料	主要功能
着色剂	溶解性颜料	CI77492、CI 73360、CI 16035 等	着色
	不溶性颜料	炭黑、云母钛、鸟嘌呤、铝粉	
	珠光颜料	云母-二氧化钛、氯氧化铋	
油脂和蜡		精制蓖麻油、可可脂、羊毛脂及其衍生物、鲸蜡、鲸蜡醇、单硬脂酸甘油酯、肉豆蔻酸异丙酯、地蜡和精制地蜡、巴西棕榈蜡、蜂蜡、小烛树蜡、凡士林、卵磷脂等	溶解颜料、滋润
其他添加剂		泛醇、磷脂、维生素A、维生素E、防晒剂	保湿、防裂、防晒
香精		玫瑰醇和酯类、无萜烯类	赋香

（二）唇蜜/唇彩/唇油

唇蜜/唇彩/唇油的基质组分主要包括着色剂、油脂、防腐剂等。相较于唇膏，唇蜜/唇彩/唇油较少使用蜡类原料，肤感更柔软，同时配方中可以不考虑产品固体形态问题，因而大量使用滋润度更高的油脂等润唇剂。代表性原料及功能如表4-11所示。

表4-11　唇蜜/唇彩/唇油的基本配方

组分		代表性原料	主要功能
着色剂	溶解性颜料	CI 77492、CI 73360、CI 16035、CI 77742 等	着色
	不溶性颜料	炭黑、云母钛、鸟嘌呤、铝粉	
	珠光颜料	云母-二氧化钛、氯氧化铋	
油脂		二异硬脂醇苹果酸酯、植物羊毛脂、聚异丁烯、低黏硅油、棕榈酸异辛酯等	溶解颜料、滋润
其他添加剂		泛醇、磷脂、维生素A、维生素E、防晒剂	保湿、防裂、防晒
香精		玫瑰醇和酯类、无萜烯类	赋香

（三）唇釉

唇釉的基质组分主要包括水、多元醇、油脂、乳化剂、着色剂、增稠剂、防腐剂等。为了追求更好的水润感，唇釉中使用了乳化体系，使得体系中除了油脂，还必须添加水和乳化剂等。唇釉的制造工艺类似于护肤产品中的膏霜乳液。代表性原料及功能如表4-12所示。

表4-12　唇釉的基本配方

组分		代表性原料	主要功能
水相		水、甘油、乙醇、丁二醇	溶剂、保湿
着色剂	溶解性颜料	CI 77492、CI 73360、CI 16035、CI 77742 等	着色
	不溶性颜料	炭黑、云母钛、鸟嘌呤、铝粉	
	珠光颜料	云母-二氧化钛、氯氧化铋	
油脂		辛酸/癸酸甘油三酯、碳酸二辛酯、苯基聚三甲基硅氧烷、植物羊毛脂等	溶解颜料、滋润
乳化剂		鲸蜡基聚乙二醇/聚丙二醇二甲基硅氧烷、PEG-10聚二甲基硅氧烷	乳化
其他添加剂		泛醇、磷脂、维生素A、维生素E、防晒剂	保湿、防裂、防晒
香精		玫瑰醇和酯类、无萜烯类	赋香

三、设计原理

（一）唇膏

唇膏是一种棒状油膏类美容用品，使用时涂抹于唇部使唇具有使用者想要的色彩，并给予唇部滋润与保护。为了实现唇膏的功能，唇膏配方设计需要满足以下要求。

1.硬度

唇膏是棒状固态，没有流动性。为了满足使用及储存的要求，唇膏在寿命周期内需要一直保持固体状态。这使得对提供了固体形态的蜡类原料的选择与使用变得至关重要。在选择搭配不同的蜡类原料时，必须使唇膏在不同储存及运输的温度条件下都能维持固态不熔化，同时还应注意使唇膏不易折断。

2.遮盖力和附着性

好的唇膏需要有好的遮盖力和附着性。遮盖力带来更厚重的色彩,附着性带来更久的持妆时间。溶解性染料可以带来更好的附着力,不易擦除,但色彩不够厚重,遮盖力不够。不溶性颜料色彩更厚重,但由于是粉体结构,较易被擦除,持妆时间易受影响。因此,要想兼顾二者,就应配合使用溶解性染料和不溶性颜料。

3.铺展性

好的铺展性能使唇膏上妆更快速、均匀。合适的油脂可以调节唇膏铺展性到所需要的程度,同时也需注意铺展性过高对膏体硬度和熔点的负面影响。

(二)唇蜜/唇彩/唇油

这是一类有一定流动性的唇部修饰美容用品。相对于唇膏,唇蜜/唇彩/唇油以油性原料为主,较少使用蜡质,能提供唇膏所不能提供的晶莹剔透的上妆效果。为达到较好的使用效果,唇蜜/唇彩/唇油的配方设计除了与唇膏类相似的要求(比如铺展性、遮盖力等),还需满足一些其特有的要求:

(1)唇蜜/唇彩/唇油的流动性大于唇膏。因此,相对于唇膏,唇蜜/唇彩/唇油要减少蜡质的使用,以达到特有的黏度要求。

(2)唇蜜/唇彩/唇油上妆后晶莹剔透,有一定的反光效果,同时具有较强的滋润性,这需要在配方中较多地使用折射率较高的油脂。同时,大量的油脂也能对唇部皮肤起到明显的滋润效果,肤感较膏体较硬的唇膏来说更水润。

(3)色彩的选择。唇蜜/唇彩/唇油的产品定位相对年轻化一些,在色彩的选择上需要尽量使用鲜艳、粉嫩一些的颜色,以符合产品定位。

(三)唇釉

唇釉是一类兼具唇膏遮盖力及唇蜜水润度的唇部产品。由于使用了乳化体系,其料体中同时含水又含油。相较于纯油体系的唇蜜,唇釉更不易脱妆;相较于以蜡质为基础的唇膏,其又具有较高的保湿性能及滋润度。其配方设计需注意以下特殊要求:

(1)唇釉使用了乳化体系,不再像唇膏那样以蜡质为基础,也不像唇蜜的纯油体系,唇釉的肤感和黏度不仅来自油脂,更受乳化剂以及油脂比例的影响。

(2)由于体系中含有水相,因此色料的选择不仅需要考虑在油相中的分散性能,还需考虑在水相中的分散性能。

（3）使用了乳化体系，可以更方便地添加保湿、滋润、抗炎、抗皱等功效性原料，配方更加多变。

（4）乳化体系中的水相容易滋生微生物，这给产品的防腐带来了挑战。唇釉的防腐体系，相比唇膏和唇蜜，需要具有更强的抑菌能力。同时，作为唇部产品，安全性和低刺激性也是必须考虑的重要因素。因此，在唇釉的防腐体系选择上需要更加谨慎。

四、原料选择

唇部化妆品主要是由油、脂和蜡类原料溶解和分散色素后制成的，油、脂、蜡类构成了唇部化妆品的基体，通常还需加入香精和抗氧剂。

（一）着色剂

着色剂或称色素，是唇部化妆品中最主要的成分。唇部化妆品中很少单独使用一种色素，多数是两种或多种调配而成。唇部化妆品中的色素分为可溶性染料、不溶性颜料和珠光颜料三类，其中可溶性染料和不溶性颜料可以合用，也可单独使用。

可溶性染料通过渗入唇部外表面皮肤而发挥着色作用。应用最多的可溶性着色染料是溴酸红染料，它是溴化荧光素类染料的总称，有二溴荧光素、四溴荧光素、四溴四氯荧光素等。溴酸红染料能染红嘴唇，并有牢固持久的附着力。现代的唇部化妆品中，色泽的附着性主要依靠溴酸红。但溴酸红不溶于水，在一般的油、脂、蜡中溶解性较差，要有优良的溶剂才能产生良好的着色效果。

不溶性颜料是一些极细的固体粉粒，经搅拌和研磨后，混入油脂、蜡类基质中。这样的唇膏涂敷在嘴唇上能留下艳丽的色彩，并具有一定的遮盖力。不溶性颜料包括有机颜料、有机色淀颜料和无机颜料。唇部化妆品使用的不溶性颜料主要是有机色淀颜料，它是极细的固体粉粒，色彩鲜艳，有较强的遮盖力。但有机色淀的附着力不好，需要和溴酸红染料并用。无机颜料中二氧化钛是常用品种，可使唇部化妆品产生紫色调和乳白膜。

珠光颜料是由数种金属氧化物薄层包覆云母构成的。改变金属氧化物薄层，就能产生不同的珠光效果。与其他颜料相比，珠光颜料特有的柔和珍珠光泽有着无可比拟的效果。特殊的表面结构、高折射率和良好的透明度使其在透明的介质中，创造出与珍珠光泽相同的效果。珠光颜料中多采用合成珠光颜料，如氯氧化铋、云母-二氧化钛等，随膜层的厚度不同而显示出不同的珠光色泽。云母-二氧化钛膜对皮肤无毒、无刺激性，产品品种有多个系列。

（二）油脂、蜡类

油脂、蜡是唇部化妆品的基本原料，含量达到90%，各种油脂、蜡用于唇部化妆品中，使唇部化妆品具有不同的特性。

制备唇部化妆品常用的油脂、蜡类原料如下。

1.蓖麻油

蓖麻油从蓖麻种子中挤榨而得，为无色或淡黄色透明黏性油状液体。蓖麻油对皮肤的渗透性较羊毛脂差，但优于矿物油，因为蓖麻油相对密度大、黏度高、凝固点低，它的黏度及软硬度受温度的影响较小，可作为口红的主要基质原料，使口红外观更为鲜艳、黏性好、润滑性好，同样也可用于膏霜、乳液中。

蓖麻油是唇膏中最常用的油脂原料，可赋予唇膏一定的黏度，增加其黏着力，还对溴酸红染料有较好的溶解性，但与白油、地蜡的互溶性不好。其用量一般为12%～50%，以25%较为适宜，不宜超过50%，否则易形成黏稠油腻膜。它的缺点是容易产生酸败，因此对原料的纯度要求较高，不可含游离碱、水分和游离脂肪酸。

2.橄榄油

在口红中可用来调节唇膏的硬度和延展性。

3.可可脂

可可脂是从可可树果实内的可可仁中提取制得的。其熔点接近体温，可在唇膏中降低凝固点，并增加唇膏涂抹时的速熔性，因此可作为优良的润滑剂和光泽剂。其用量一般为1%～5%，最高的用量一般不超过8%，过量则易产生粉末，从而影响唇膏的光泽度，并有可能使膏体凹凸不平。

4.无水羊毛脂

羊毛脂是从羊毛中提取的一种脂肪物，它分为无水羊毛脂和有水羊毛脂。

羊毛脂是哺乳动物的皮脂，其组成与人的皮脂很接近，对人的皮肤有很好的渗透及润滑作用，同时具有防止脱脂的功效，是制造膏霜、乳液类化妆品及口红的重要原料。

无水羊毛脂应用于口红中具有良好的兼容性、低熔点和高黏度，可使唇膏中的各种油、蜡黏合均匀，可防止唇膏"发汗"、干裂等。

羊毛脂还是一种优良的滋润性物质。与蓖麻油一样，均是唇膏不可缺少的原料。由于气味不佳，其用量不宜过多，一般为 10%～30%。现也多采用羊毛脂衍生物以避免此缺点。

5.鲸蜡和鲸蜡醇

鲸蜡是从抹香鲸、槌鲸头盖骨腔内提取的一种具有珍珠光泽的蜡状固体，呈白色透明状，其熔点为 42～50℃。鲸蜡醇又名十六醇或棕榈醇，为白色半透明结晶状固体，其熔点为 49℃。

鲸蜡的主要成分是鲸蜡酸、月桂酸、豆蔻酸、棕榈酸、硬脂酸等，可应用于膏霜及唇膏中。鲸蜡的熔点低，在唇膏中可增强触变性，但不增强唇膏的硬度；鲸蜡醇是一种良好的助乳化剂，对皮肤具有柔软性能，可应用于乳液、唇膏中。鲸蜡醇在唇膏中具有缓和作用，并可溶解溴酸红染料，但因可使唇膏涂敷后的薄膜形成失光的外表面而不被重用。

6.单硬脂酸甘油酯

单硬脂酸甘油酯简称单甘酯，为纯白色至淡乳色的蜡状固体，其熔点为 58～59℃。

单甘酯是 W/O 型乳状液的乳化剂，可用于膏霜及唇膏中。在唇膏配方中对溴酸红染料有很高的溶解性，且具有增强滋润和加强骨干的作用。

7.肉豆蔻酸异丙酯

肉豆蔻酸异丙酯的化学名称是十四酸异丙酯，简称 IPM，其具有良好的延展性，与皮肤相容性好，能赋予皮肤适当油性，不易水解与腐败，对皮肤无刺激，被广泛应用于护发、护肤及美容化妆品中。肉豆蔻酸异丙酯可以作为唇膏的互溶剂及滑润剂，可增加涂抹时的延展性，用量约为 3%～8%。

8.精制地蜡

二级品地蜡在唇膏中作为硬化剂，有较好的吸收矿物油的性能，可使唇膏在浇注时易于脱出，但用量过多会影响唇膏的表面光泽度。

9.巴西棕榈蜡

巴西棕榈蜡是从南美巴西棕榈树叶中浸提而制得的，为高熔点的质硬而脆、不溶于水的固体，是化妆品原料中硬度最高的一种，与蓖麻油等油脂类原料的相溶性良好，广泛用于唇膏和膏霜类化妆品中。在唇膏中作为硬化剂，用以提高产品的熔点而不致影响其触变性，并赋予产品以光泽和热稳定性，因此对保持唇膏形状和表面光亮起着重要作用。用量在 1%~3%，一般不超过 5%，过多会导致唇膏脆化，也可通过加入蜂蜡得以缓和。

10.蜂蜡

蜂蜡用于唇膏能提高唇膏的熔点且不明显影响硬度，具有良好的兼容性，可辅助其他成分形成均一体系，并同地蜡一样，便于唇膏从模具中脱出。

11.小烛树蜡

小烛树蜡是从小烛树的茎中提取而得到的，是一种淡黄色半透明或不透明固体。其主要成分是碳氢化合物、高级脂肪酸和高级羟基醇的蜡酯、游离高级脂肪酸、高级醇等，较易乳化和皂化。小烛树蜡一般用于口红中，可用作蜂蜡和巴西棕榈蜡的代用品，用以提高产品的热稳定性，也可作为软蜡的硬化剂。

12.凡士林

凡士林在唇膏中的用量不宜超过 20%，以免产生阻曳现象。

13.白油

白油可用作唇膏的润滑剂，但常会影响产品的黏着性及附着力，遇热还会软化、析出油分，使用逐渐减少。

（三）香精

唇部化妆品的香料，既要芳香舒适，又需口味和悦，还要考虑其安全性。消费者对唇部化妆品的喜爱程度与产品的口味有很大关系。因此，对唇部化妆品的香料要求是，既要完全掩盖脂蜡的气味，还要散发清香气味，可被消费者普遍接受。许多芳香物会对黏膜产生刺激，不适宜用于唇部化妆品中；有苦味和不适口味的芳香物，极易使身体产生不良反应。唇部化妆品经常使用一些清雅的花香、水果香和某些食品香料品种，如橙花、茉莉、玫瑰、香豆素、香兰素、杨梅等。

五、配方示例与工艺

（一）唇膏配方示例与工艺

珠光唇膏配方如表 4-13 所示，普通唇膏配方如表 4-14 所示，变色珠光唇膏配方如表 4-15 所示。

表 4-13　珠光唇膏配方

组相	原料名称	质量分数/%
A 相	蓖麻油	28.0
	羊毛脂	15.0
	低黏硅油	5.0
	辛酸/癸酸甘油三酯	9.0
	肉豆蔻酸异丙酯	18.0
B 相	巴西棕榈蜡	4.0
	蜂蜡	5.0
	聚乙烯蜡	5.0
	地蜡	2.0
C 相	珠光颜料	2.0
	颜料	4.0
D 相	抗氧化剂	适量
	香精	适量
	防腐剂	适量

表 4-14　普通唇膏配方

组相	原料名称	质量分数/%
A 相	蓖麻油	20.0
	羊毛脂	10.5
	辛酸/癸酸甘油三酯	18.0
	聚乙二醇	7.0
	棕榈酸异丙酯	8.0
B 相	蜂蜡	7.0
	聚乙烯蜡	6.0

组相	原料名称	质量分数/%
B 相	地蜡	3.0
C 相	二氧化钛	10.0
	颜料	10.0
D 相	香精	适量
	防腐剂	适量

表 4-15　变色珠光唇膏配方

组相	原料名称	质量分数/%
A 相	蓖麻油	36.0
	羊毛脂	27.0
	低黏硅油	3.0
	辛酸/癸酸甘油三酯	5.0
	棕榈酸异丙酯	8.0
	可可脂	4.0
B 相	巴西棕榈蜡	6.0
	蜂蜡	10.0
C 相	溴酸红	0.2
D 相	抗氧剂	适量
	香精	适量

上述 3 个配方的制备工艺均为：

（1）称取 A 相各组分置于主容器中，加热至 85℃，搅拌直至溶解均匀；

（2）加入 B 相各组分，加热至 90℃，搅拌直至料体完全溶解；

（3）将溶解均匀的料体与 C 相中的颜料在三辊研磨机上研磨细致均匀；

（4）将研磨细致均匀的料体加热至 90℃溶解均匀，加入 C 相中的珠光剂搅拌均匀；

（5）将料体降温至 85℃，加入 D 相，搅拌并真空脱泡 2～3 min；

（6）灌入模具成型。

唇膏的制备主要是将着色剂分布于油中或全部的脂蜡基中，成为细腻均匀的混合体系。将溴酸红溶解或分布于蓖麻油中或配方中的其他溶剂中。将蜡类放在一起熔化，温度控制在比最高熔点的原料略高一些。将软脂及液体油熔化后，加入其他颜料，经研磨机（如胶体磨）磨成均匀的混合体系。然后将上述三种体系混合再研磨一次，当温度下降至高于混合物的熔点 5～10℃时，进行浇注，并快速冷却。香精在混合物完全熔化时加入。

在制备过程中，颜料容易在基质中出现聚集结团现象，较难分布均匀。为此，通常先将颜料用低黏度的油浸透，然后再加入较浓稠的油脂进行混合，通常趁热在油脂处于较好的流动状态下（约高于脂、蜡基的熔点20℃）进行研磨，防止研磨之前颜料沉淀。此时，研磨的作用不是使颜料颗粒更细，而是使粉体分散。

膏料中若混有空气，则在制品中会有小孔。在浇注前通常需加热并缓慢搅拌，以使空气泡排出或采取真空脱气方法。

（二）唇彩/唇油/唇蜜配方示例与工艺

唇彩配方如表 4-16 所示，唇油配方如表 4-17 所示，唇蜜配方如表 4-18 所示。

表 4-16　唇彩配方

组相	原料名称	质量分数/%
A 相	气相二氧化硅	3.5
	白油	69.0
	十三烷醇偏苯三酸酯	10.0
	辛基十二醇	10.0
	油相增稠剂	4.0
B 相	珠光颜料	2.0
	色浆	1.0
C 相	抗氧剂	适量
	香精	适量
	防腐剂	适量

制备工艺：

（1）将 A 相料体加热至 60℃，搅拌均匀后均质 2～3 min；

（2）加入 B 相，均质 1～2 min；

（3）加入 C 相，搅拌均匀。

表 4-17　唇油配方

组相	原料名称	质量分数/%
A 相	白油	10.0
	十三烷醇偏苯三酸酯	21.0
	辛基十二醇	15.5
	油相增稠剂	2.0
	植物羊毛脂	15.0
	棕榈酸异辛酯	21.0
	可可脂	2.0
B 相	蜂蜡	3.0
	地蜡	3.0
C 相	二氧化钛	2.0
	色浆	5.0
D 相	香精	适量
	防腐剂	适量

制备工艺：

（1）将 A 相中各组分料体置于主容器，加热至 70℃，搅拌均匀后均质 2～3 min；

（2）加入 B 相中各组分，加热至 80℃，搅拌至料体完全熔化透明；

（3）加入 C 相中各组分，均质 1～2 min，并搅拌均匀；

（4）降温至 60℃，加入 D 相中各组分，搅拌均匀。

表 4-18　唇蜜配方

组相	原料名称	质量分数/%
A 相	气相二氧化硅	7.0
	白油	20.0
	十三烷醇偏苯三酸酯	20.0
	辛基十二醇	5.0
	植物羊毛脂	22.5
	棕榈酸异辛酯	20.0
	可可脂	3.0
B 相	蜂蜡	1.0
	地蜡	1.0

组相	原料名称	质量分数/%
C 相	二氧化钛	0.2
	色浆	0.2
D 相	抗氧剂	适量
	香精	适量
	防腐剂	适量

制备工艺：

（1）将 A 相中各组分料体置于主容器，加热至 70℃，搅拌均匀后均质 2～3 min；

（2）加入 B 相中各组分，加热至 80℃，搅拌至料体完全熔化透明；

（3）加入 C 相中各组分，均质 1～2 min，并搅拌均匀；

（4）降温至 60℃，加入 D 相中各组分，搅拌均匀。

唇彩/唇油/唇蜜的制备主要是将着色剂分散于油相中，形成细腻均匀的混合体系，由于需要具有一定黏稠度，所以通常需要加入蜡基以及油相增稠剂来对体系进行增稠。在制备过程中，先将蜡类和油相增稠剂升高到一定温度，熔化至完全透明并搅拌均匀；温度适当冷却之后加入色浆以及珠光并进行研磨，直至研磨为均一稳定料体；最后进行真空脱泡。通常唇彩中色浆含量较少，会通过添加微珠光来增加唇部的光泽度；唇油中色浆含量较高，着色度最佳；唇蜜通常起到润唇保湿作用，涂抹于唇部基本无色，与润唇膏作用相似，但比润唇膏更滋润。

（三）唇釉配方示例与工艺

唇釉的配方示例如表 4-19 至表 4-21 所示。

表 4-19 唇釉配方（一）

组相	原料名称	质量分数/%
A 相	PEG-10 聚二甲基硅氧烷	3.0
	苯基异丙基聚二甲基硅氧烷	20.0
	辛基十二醇	19.0
	澳洲坚果油	8.0
	植物羊毛脂	14.0

组相	原料名称	质量分数/%
A 相	橄榄油	3.0
	棕榈酸异辛酯	6.0
	膨润土	0.3
	二氧化硅	0.8
	防腐剂	适量
B 相	去离子水	10.0
	EDTA-2Na	0.2
	1,3-丁二醇	1.5
	防腐剂	适量
C 相	珠光颜料	0.5
	色浆	7.0
D 相	抗氧剂	适量
	香精	适量

表 4-20　唇釉配方（二）

组相	原料名称	质量分数/%
A 相	PEG-10 聚二甲基硅氧烷	3.0
	苯基异丙基聚二甲基硅氧烷	15.0
	辛基十二醇	13.0
	澳洲坚果油	3.0
	植物羊毛脂	28.0
	聚异丁烯	12.0
	橄榄油	3.0
	棕榈酸异辛酯	2.0
	气相二氧化硅	2.0
	防腐剂	适量
B 相	去离子水	6.5
	1,3-丁二醇	1.0
	EDTA-2Na	0.2
	防腐剂	适量
C 相	珠光颜料	0.5
	色浆	10.0

组相	原料名称	质量分数/%
D 相	抗氧剂	适量
	香精	适量

表 4-21　唇釉配方（三）

组相	原料名称	质量分数/%
A 相	PEG-10 聚二甲基硅氧烷	3.0
	苯基异丙基聚二甲基硅氧烷	20.0
	辛基十二醇	5.0
	植物羊毛脂	17.0
	聚异丁烯	4.0
	橄榄油	1.0
	棕榈酸异辛酯	25.5
	膨润土	0.6
	防腐剂	适量
	二氧化硅	1.0
B 相	去离子水	12.0
	EDTA-2Na	0.2
	1,3-丁二醇	2.0
	防腐剂	适量
C 相	珠光颜料	0.5
	色浆	8.0
D 相	抗氧剂	适量
	香精	适量

上述 3 个配方的制备工艺均为：

（1）将 A 相中各组分料体置于主容器，加热至 70℃，并均质 2～3 min；

（2）将 B 相中各组分加热至 70℃，并搅拌均匀；

（3）将 B 相缓慢加入 A 相中，并均质 2～3 min；

（4）加入 C 相中各组分并均质 1～2 min；

（5）降温至 60℃，加入 D 相中各组分，搅拌均匀。

唇釉的制备过程需遵循 W/O 体系，先将油相、悬浮增稠剂、油包水乳化剂混合均匀，进行均质，然后将水相缓慢加入，搅拌乳化均匀，直至形成均一稳定的料体，最后加入色浆和珠光颜料，进行着色和真空脱泡。由于唇釉需要较高的色彩饱和度，因此通常体系中色浆含量不会低于 5%，并且体系中加入水相，相较于纯油体系更容易滋生微生物，故在防腐剂的选择以及用量上需更加谨慎。

第四节　笔类产品配方及生产工艺

一、产品概述

笔类化妆品（眉笔、眼线笔、唇线笔、指甲笔）用于勾画和强调眉毛、眼部、唇等的轮廓。例如，眼线笔可用于眼部修饰，加强眼部轮廓以及衬托睫毛和眼影的效果；白色指甲笔含有白色颜料，如二氧化钛、氧化锌和高岭土，可增强指甲边缘天然白颜色。笔类化妆品颜料含量比眼影和唇膏高。笔类化妆品的笔芯配方与一些棒型化妆品（如唇膏）相似。笔的成型、精加工和包装与一般彩色铅笔相似，因此笔类化妆品大多由一些知名品牌的铅笔生产商生产。

笔类化妆品于 20 世纪 30 年代在德国兴起，在第二次世界大战时中断，直至 20 世纪 60 年代后期重新兴起。其销量稳步增长，但它在化妆品市场的份额仍然较小。

二、产品配方结构

笔类化妆品组成与其他彩妆类化妆品（如眼影或唇膏）相似，是将粉末分散在各种各样的基础料体中，基础料体由油脂和蜡类复配，一般笔类化妆品的蜡含量为 15%～30%，油脂含量为 50%～80%，粉末含量为 5%～30%。蜡类作为液体油的固化剂、光泽剂、触变剂，用于改善笔类产品的使用感。

三、设计原理

笔类化妆品作为局部修饰彩妆，具有一定的效果要求，能勾画和强调局部轮廓。唇线笔勾画唇部轮廓，显示出唇形，增强反差和立体感；眼线笔沿着睫毛生长的轮廓画线，强调眼睛的轮廓，使眼睛的形状看起来更好看；眉笔用于修饰眉毛的形状，使眼睛看起来更清晰，通过描眉的形状使脸的表情发生变化。眉笔是笔类彩妆产品中使用频率最高的一种。

根据笔类化妆品的性能特点，其必须满足以下几点要求：

（1）由于在眼睛及唇部使用，因此安全性要好，无微生物污染、无毒性和绝对无刺激作用；

（2）使用感柔软，可均匀地附着于皮肤上；

（3）可描绘出鲜明的线条；

（4）具有优异的耐水、耐皮脂性，保持妆效持久性；

（5）稳定性好，不发汗、不出粉，不易折断和散乱；

（6）干燥速度适当；

（7）硬度适当，质地稳定，有较长的货架寿命。

四、原料选择

笔类化妆品的主要成分是油脂、蜡类和颜料，常用的原料类型如下。

（一）润滑剂

笔类化妆品中常用的润滑剂有蓖麻油、酯类、羊毛脂/羊毛油、油醇（辛基十二醇）、苯基聚三甲基硅氧烷、烷基聚二甲基硅氧烷、白池花籽油、霍霍巴油。

（二）蜡类

笔类化妆品中常用的蜡类有小烛树蜡、巴西棕榈蜡、蜂蜡及其衍生物、微晶蜡、地蜡/纯地蜡、烷基聚硅氧烷、蓖麻蜡、羊毛蜡、石蜡、合成蜡。

（三）增塑剂

笔类化妆品中常用的增塑剂有鲸蜡醇乙酸酯、乙酰化羊毛脂、油醇、乙酰化羊毛脂醇、矿脂。

（四）着色剂

笔类化妆品中常用的着色剂：CI 15850 和 Ba 色淀、CI 15850∶1 和 Ca 色淀、CI 45380∶2 和 Al 色淀（染色剂）、CI 17200 和 Al 色淀、CI 73360、CI 12085、CI 45350∶1、CI 15985 和 Al 色淀、CI 42090 和 Al 色淀、氧化铁、二氧化钛、氧化锌、CI 77007、CI 77742。

（五）珠光剂

笔类化妆品中常用的珠光剂有二氧化钛、云母。

（六）活性物

笔类化妆品中常用的活性物有生育酚乙酸酯、透明质酸钠、芦荟提取物、抗坏血酸棕榈酸酯、硅烷醇、神经酰胺、泛醇、氨基酸、小胡萝卜素。

（七）填充剂

笔类化妆品中常用的填充剂有高岭土、云母、硅石、锦纶、PMMA、聚四氟乙烯、氮化硼、氯氧化铋、淀粉、月桂酰赖氨酸、组合粉体、丙烯酸醋聚合物。

（八）防腐剂及抗氧化剂

笔类化妆品中常用的防腐剂及抗氧化剂有羟苯甲酯、羟苯丙酯、迷迭香油、BHA、BHT、生育酚。

笔类化妆品中粉和油脂均匀地分散在蜡中，蜡和其他油类组分形成均匀的载体，发挥成型剂的作用。蜡性质（如熔点范围、结晶状态等）对笔类质地、耐热性能、使用时的肤感、产品的稳定性有很大的影响。一些常用蜡类的熔点如表 4-22 所示。

表4-22　一些常用蜡类的熔点

蜡类型	熔点/℃	蜡类型	熔点/℃
蜂蜡	62.5～65	日本蜡	50～56
小烛树蜡	75.5～77.5	微晶蜡	77～105
巴西棕榈蜡	83～91	褐煤蜡	74～85
蓖麻蜡	86	地蜡	58～100
纯地蜡	54～77	石蜡	53～59
鲸蜡	41～49	—	—

　　小烛树蜡售价比巴西棕榈蜡贵，但它可提供较高的刚性和硬度，凝固后不会像巴西棕榈蜡那样产生颗粒性小结晶。然而，小烛树蜡的熔点比巴西棕榈蜡低，必须加大用量。这类天然蜡在北美洲使用较为广泛。

　　巴西棕榈蜡主要用于提高刚性和硬度，还可增加笔类化妆品的耐久性和光泽。它与无定形蜡类（如地蜡和微晶蜡）复配使用，能提高配方的熔点和稳定性。

　　真正的加利西亚（西班牙）地蜡是白色至灰白色固体，熔点76～80℃。它与其他蜡类复配，能提高唇膏的熔点。地蜡不与石油基的蜡类配伍。

　　纯地蜡是一种中等硬度的蜡类。它是一种地蜡或微晶蜡与石蜡的混合物，冷却时收缩。

　　合成蜡是来自高分子量石油分储物的一组蜡类。它的硬度和熔点随分子量而改变。该类蜡包括微晶蜡、纯地蜡和其他复配石蜡。所有这些蜡主要用于提高产品熔点，对产品的结晶结构影响不大。

五、配方示例与工艺

笔类化妆品的配方示例如表 4-23 至表 4-28 所示。

表 4-23　唇线笔（传统木笔类）

原料名称	质量分数/%	原料名称	质量分数/%
小烛树蜡	52.00	氢化可可脂	7.75
巴西棕榈蜡	10.00	二异硬脂醇苹果酸酯	3.20
鲸蜡醇棕榈酸酯	3.00	司拉氯铵膨润土	2.00
季戊四醇四异硬脂酸酯	12.00	防腐剂（如果需要）	适量
硬脂酸钙	7.00	颜料	适量

表 4-24　眼线笔（自动笔类）

原料名称	质量分数/%	原料名称	质量分数/%
聚乙烯蜡（高熔点）	48	蓖麻籽油	5
野漆果蜡	8	二异硬脂醇苹果酸酯	2
肉豆蔻醇肉豆蔻酸酯	2	司拉氯铵膨润土	3
高岭土	6	防腐剂（如果需要）	适量
硬脂酸钙	12	颜料	适量

表 4-25　液体眼影笔（刷类笔头）

原料名称	质量分数/%	原料名称	质量分数/%
异十二烷/季铵盐-18 水辉石/碳酸丙二醇酯	20	矿脂	4
异十二烷	40	乙酰化羊毛脂	4
蜂蜡	3	防腐剂（如果需要）	适量
地蜡	7	颜料	适量
棕榈酸异丙酯	10	—	—

97

表 4-26　眼—唇一体用液体彩笔（刷类笔头）

原料名称	质量分数/%	原料名称	质量分数/%
矿油及丁烯/乙烯/苯乙烯共聚物混合物	60	聚甲基丙烯酸甲酯	10
蓖麻油	10	防腐剂（如果需要）	适量
珠光粉及颜料	10	日用香精	适量

表 4-27　耐久性眼影笔（传统木笔类）

原料名称	质量分数/%	原料名称	质量分数/%
聚乙烯蜡（高熔点）	11	三甲基硅烷氧基硅酸酯（成膜剂）	9
肉豆蔻醇肉豆蔻酸酯	5	锦纶-12	5
微晶蜡	3	异十二烷	38
聚乙烯吡咯烷酮（成膜剂）	10	颜料	15
巴西棕榈蜡	4	—	—

表 4-28　硬质眉笔（传统木笔类）

原料名称	质量分数/%	原料名称	质量分数/%
野漆果蜡	55	氢化植物油	15
聚乙烯蜡（高熔点）	10	CI 77499（黑色氧化铁）	20

　　笔类化妆品制造与其他含颜料蜡基产品没有本质的差别。例如，挤压型笔类化妆品配方实际上颜料含量比一般彩妆产品高。由于笔类化妆品配方没有足够的油类来润湿颜料，所以无法进行研磨。因而，需要在各组分熔化和混合后，再将全部混合物进行磨制。

　　由于挤压的物料固含量高，即使在高温下也十分稠厚，因而混炼应在装有高剪切混合器的捏炼机或罐内完成。辊式研磨机及球磨机亦广泛用于研磨在液态基质中的颜料。

第五节 睫毛护理产品配方
及生产工艺

一、产品概述

睫毛护理产品的主要作用是给睫毛上色，使睫毛变长、变粗，增加眼睛的魅力。目前，市面上的睫毛护理产品主要包括睫毛膏、睫毛液等。

睫毛膏或睫毛液一般分成两类：防水型和耐水型。防水型主要是蜡基，颜料分散于含挥发性支链碳氢化合物、挥发性聚二甲基硅氧烷等的体系，在卸妆时需要使用含油的卸妆产品。耐水型主要是以硬脂酸或油酸三乙醇胺、皂基为基质的体系。这类配方耐水性好，涂在睫毛上感觉柔软，易于卸妆，不易对眼睛产生刺激作用，可用水洗，或使用香皂卸妆。近年来，无水凝胶型配方明显地取代了防水乳液配方，由此出现了第三类配方：防水—可洗睫毛膏，或热敏睫毛膏。这类配方优于改良型耐水睫毛膏，又与防水睫毛膏不同，用水可除去，如有需要可用香皂清洗，不需用含油卸妆产品卸妆。这类配方使用温水可溶的成膜剂，为配方师开发可清洗型（由不防水至防水一系列的）睫毛产品提供了机会。

为了防止沾污，除防水和防油成膜剂外，配方应含有丙烯酸酯共聚物、丙烯酸铵共聚物、丙烯酸（酯）类/辛基丙烯酰胺共聚物、聚氨酯、聚乙烯醇、PVP/十六碳烯共聚物、PVP/二十碳烯共聚物等的复配物。

除使用典型天然蜡类（如小烛树蜡、巴西棕榈蜡和蜂蜡）外，也使用合成蜂蜡、聚二甲基硅氧烷共聚醇蜂蜡。在美国市场的一些配方中，仍然常使用微晶蜡和石蜡，用硬脂酸三乙醇胺作乳化剂。

二、产品配方结构

睫毛膏是通过将具有黏性的睫毛膏液体用刷子涂抹于睫毛上，使睫毛看上去浓密、纤长、卷曲等，同时使睫毛的形状看起来整齐漂亮。睫毛护理产品剂型包括：O/W 乳液、W/O 乳液、全油凝胶型。各种剂型组成和使用的原料有差别，如表 4-29 至表 4-31所示。

表 4-29　O/W 乳化型睫毛油组成和使用的原料

组相	结构组分	代表性原料	主要功能
水相	精制水	去离子水	溶剂
	悬浮剂	羟乙基纤维素、甲基纤维素	增稠及悬浮作用
	成膜剂	聚乙烯吡咯烷酮、聚丙烯酸酯乳液、聚乙酸乙烯酯、聚氨酯	成膜及防水作用
	保湿剂	甘油、丁二醇	防止睫毛膏干结
	颜料	氧化铁黑、炭黑	着色剂
	亲水性乳化剂	硬脂酸（遇碱后成皂）、PEG-40 硬脂酸酯、硬脂醇聚醚-20	乳化剂
	防腐剂	羟苯甲酯、咪唑烷基脲	防腐剂
	挥发性溶剂	乙醇	促干剂
油相	高熔点蜡类和脂肪醇	巴西棕榈蜡、地蜡、蜂蜡、小烛树蜡、鲸蜡醇、羊毛脂醇、松香酯	睫毛增粗
	亲油性乳化剂	硬脂醇聚醚-2、山梨坦倍半油酸酯	辅助乳化剂
	增塑剂	羊毛脂以及其衍生物、丁二醇	成膜增塑剂
	酯类、矿油类溶剂	辛酸/癸酸甘油三酯、矿油	溶剂
	防腐剂	羟苯丙酯	防腐剂

表4-30 W/O乳化型睫毛油组成和使用的原料

组相	结构组分	代表性原料	主要功能
油相	高熔点蜡类	巴西棕榈蜡、地蜡、蜂蜡、小烛树蜡、鲸蜡醇、羊毛脂醇、松香酯	睫毛增粗
	悬浮剂	司拉氯铵膨润土、季铵盐-18水辉石	增稠及悬浮剂
	树脂	硅类树脂、聚萜烯类树脂、合成树脂、松香脂、丙烯酸类树脂	成膜剂
	油包水乳化剂	低HLB值表面活性剂，如山梨坦倍半油酸酯、鲸蜡基PEG/PPG-10/1聚二甲基硅氧烷	乳化剂
	颜料	氧化铁黑、炭黑	着色剂
	防腐剂	羟苯丙酯	防腐剂
	挥发性溶剂	聚二甲基硅氧烷（0.65 mm²/s）、异十二烷	促干剂及溶剂
水相	悬浮剂	羟乙基纤维素、甲基纤维素、硅酸铝镁	增稠及悬浮作用
	防腐剂	羟苯甲酯、咪唑烷基脲	
	保湿剂	甘油、丁二醇	防止睫毛膏干结

表4-31 全油凝胶型睫毛膏组成和使用的原料

结构组分	代表性原料	主要功能
挥发性溶剂	聚二甲基硅氧烷（0.65 mm²/s）、异十二烷	促干剂及溶剂
树脂	硅类树脂、聚萜烯类树脂、合成树脂、松香脂、丙烯酸类树脂	成膜剂
高熔点蜡类	小烛树蜡、巴西棕榈蜡、微晶蜡、地蜡、合成蜡、聚乙烯、白蜡	睫毛增粗
润湿剂	低HLB值表面活性剂，如山梨坦倍半油酸酯	色粉分散作用
颜料	氧化铁黑、炭黑	着色剂
悬浮剂	司拉氯铵膨润土、季镀盐-18水辉石	增稠及悬浮剂
防腐剂	羟苯丙酯	防腐剂
功能填充剂	球形颗粒（PMMA、硅石、锦纶）、氮化硼、淀粉、聚四氟乙烯、锦纶纤维	睫毛增粗
增塑剂	羊毛脂以及其衍生物、丁二醇	成膜增塑剂

三、设计原理

不同国家的人的睫毛长短、粗细、疏密程度、向上生长或向下生长等条件各不相同。欧美人多为细长的睫毛，睫毛紧密向上生长，油性类型睫毛制品很畅销。东方人的睫毛短粗，稀少，向下生长，不很整齐，人们比较喜欢薄膜型和含有成膜剂类型的睫毛制品。有时，为了使睫毛看上去很长，会在配方中添加质量分数为3%～4%的天然或合成纤维。

通常来说，睫毛制品必须具备以下性质：

（1）由于睫毛护理产品是在眼睛的边缘上使用，所以要无刺激性和无微生物污染；

（2）刷染时附着均匀，不会使睫毛粘连、结块，也不会渗开、流失和沾污，干燥后不会被汗液、泪水和雨水等冲散；

（3）适当的干燥速度，使用时不会干得太快，但应有时效性；

（4）有适度的光泽和挺硬度，干后又不感到脆硬，用后使睫毛显得浓长、有卷曲的效果，有一定持久性；

（5）使用方便，卸妆不麻烦；

（6）稳定性好，有较长的货架寿命，不会沉淀分离和酸败。

四、原料选择

睫毛护理产品由于剂型类别较多，用到的原料类型也比较多，主要包括以下几类。

（一）悬浮剂

睫毛油中常用的悬浮剂有羟乙基纤维素、甲基纤维素、司拉氯铵膨润土、季铵盐-18水辉石、硅酸铝镁，可起到增稠及悬浮作用。

（二）成膜剂

睫毛油中常用的成膜剂有聚乙烯吡咯烷酮、聚丙烯酸酯乳液、聚乙酸乙烯酯、阿拉伯胶。成膜剂可起到成膜及防水作用。

（三）树脂类

睫毛油中常用的树脂类物质有硅类树脂、聚萜烯类树脂、合成树脂、松香脂、丙烯酸类树脂，可起到成膜剂的作用。

（四）颜料

睫毛油中常用的颜料有氧化铁黑、炭黑。

（五）功能性填充剂

睫毛油中常用的功能性填充剂有球形颗粒（PMMA、硅石、锦纶）、氮化硼、淀粉、聚四氟乙烯、锦纶纤维。功能性填充剂可达到睫毛增粗的效果。

（六）乳化剂

睫毛油中常用的亲水性乳化剂有硬脂酸（遇碱后成皂）、PEG-40 硬脂酸酯、硬脂醇聚醚-20。睫毛油中常用的亲油性乳化剂有硬脂醇聚醚-2、山梨坦倍半油酸酯、鲸蜡基 PEG/PPG-10/1 聚二甲基硅氧烷。

（七）溶剂

睫毛油中常用的挥发性溶剂有乙醇、聚二甲基硅氧烷（0.65 mm²/s）、异十二烷。睫毛油中常用的酯类、矿油类溶剂有辛酸/癸酸甘油三酯、矿油。

（八）高熔点蜡类和脂肪醇

睫毛油中常用的高熔点蜡类有小烛树蜡、巴西棕榈蜡、微晶蜡、地蜡、合成蜡、聚乙烯、白蜡、蜂蜡。常用的脂肪醇有鲸蜡醇、羊毛脂醇、松香酯。高熔点蜡类和脂肪醇在睫毛油中可达到睫毛增粗的效果。

（九）增塑剂

睫毛油中常用的增塑剂有羊毛脂及其衍生物、丁二醇。

（十）润湿剂

睫毛油中常用的润湿剂为低 HLB 值表面活性剂，如山梨坦倍半油酸酯，可起到分散色粉的作用。

（十一）保湿剂

睫毛油中常用的保湿剂有甘油、丁二醇，可起到防止睫毛膏干结的作用。

（十二）防腐剂

睫毛油中常用的防腐剂有羟苯甲酯、羟苯丙酯、咪唑烷基脲、苯汞的盐类、硫柳汞（0.007%）。

五、配方示例与工艺

睫毛护理产品配方示例如表 4-32 至表 4-35 所示。

表 4-32　普通睫毛膏

组相	原料名称	质量分数/%
A 相	精制水	加至 100
	甘油	5.00
	三乙醇胺、氧化铁黑	5.00
B 相	硬脂酸	0.30
	蜂蜡	0.10
	羊毛脂	0.50
	辛酸/癸酸甘油三酯	0.05
	PVP/二十碳烯共聚物	1.00
C 相	防腐剂	适量

表 4-33　防水睫毛膏

组相	原料名称	质量分数/%
A 相	水	加至 100
	羟丙基甲基纤维素	0.20
	三乙醇胺	适量（pH 值调至 8.5）
	泛醇	1.00
	氧化铁黑	10.00
B 相	硬脂酸	5.50
	巴西棕榈蜡	1.80
	甘油硬脂酸酯	1.70
	蜂蜡	4.50
	聚乙烯蜡（高熔点）	2.70
	松香	1.80
	有机硅树脂消泡剂	0.10
	油橄榄果油	0.10
C 相	防腐剂	适量
	丙烯酸（酯）类/丙烯酸乙基己酯/聚二甲基硅氧烷甲基丙烯酸酯共聚物	16.00
	聚氨酯-35	5.00

表 4-34　含纤维的睫毛膏

组相	原料名称	质量分数/%
A 相	硬脂酸	3.00
	巴西棕榈蜡	2.00
	蜂蜡	4.00
	季戊四醇松脂酸酯	4.00
	硬脂基聚二甲硅氧烷	5.00
	鲸蜡硬脂醇	1.00
	甘油硬脂酸酯	1.00
	聚山梨醇酯-80	1.00
	山梨坦倍半油酸酯	0.50
	蔗糖脂肪酸酯	1.00
	表面硅处理 CI 77499（表面亲油处理氧化铁黑）	9.00

组相	原料名称	质量分数/%
B 相	水	加至 100
	三乙醇胺	适量（pH 值调至 8.5 左右）
	1,3-丁二醇	5.00
	防腐剂	适量
	聚丙烯纤维	1.50
	锦纶纤维	1.50
	聚乙二醇-23M	0.10
C 相	生育酚乙酸酯	0.10
	聚氨酯-35	10.00
	聚乙酸乙烯酯	20.00

表 4-32 至表 4-34 配方的制备工艺：

（1）将 A 相原料（除氧化铁黑外）加入乳化锅中，搅拌均匀后加热到 85～88℃，然后把氧化铁黑加入，高速均质 30 min，使氧化铁黑颜料分散；

（2）将 B 相原料加入油相锅中，搅拌均匀后加热到 85～88℃；

（3）将 B 相锅中原料加入 A 相乳化锅，保持在 85～88℃，开启刮边器，高速均质 20 min，然后抽真空降温，保持刮边；

（4）降温到 35℃，把 C 相原料加入后搅拌均匀，经品控检验合格后灌装。

表 4-35　全油型防水睫毛膏

原料名称	质量分数/%	原料名称	质量分数/%
异十二烷	加至 100	季铵盐-18 水辉石	8
C_{18}～C_{36} 酸三甘油酯	7	CI 77499（黑色氧化铁）	12
三十烷基 PVP	12	碳酸丙二醇酯	适量
聚乙烯蜡（高熔点）	15	—	—

第五章　面膜类化妆品配方
及生产工艺

第一节　面膜类化妆品基础知识

一、面膜的含义及作用

面膜为涂或敷于人体皮肤表面，经一段时间后揭离、擦洗或保留，起到集中护理或清洁作用的产品。它的作用是涂敷在面部皮肤上，经过一定时间干燥后，在皮肤上形成一层膜状物，将该膜揭掉或洗掉后，可达到洁肤、护肤和美容的目的。

面膜的吸附作用使皮肤的分泌活动旺盛，在剥离或洗去面膜时，可将皮肤的分泌物、皮屑、污垢等一起除去，这样皮肤就显得异常干净，达到洁肤效果；面膜覆盖在皮肤表面，抑制水分的蒸发，从而软化表皮角质层，扩张毛孔和汗腺口，使皮肤表面温度上升，促进血液循环，并使皮肤有效地吸收面膜中的活性营养成分，起到良好的护肤作用。

二、面膜的起源及发展

面膜很早以前就已经被使用。远在古埃及时期，人们已知道利用一些天然原料，如土、火山灰、海泥等来治疗一些皮肤病。后来，人们开始用粗羊毛脂与各种物质，如蜂蜜、花类、蛋类、粗面粉、粗豆类、水仙球根等混合，调成浆状，敷在脸上进行美容和治疗一些皮肤病。

考古学家认为，最早把面膜作为化妆品来使用的是早期的希伯来人，他们将面膜的制造工艺从埃及带至巴勒斯坦，并使面膜的生产配方有所发展，后来又传至希腊，而希腊人当时也发明了养颜护肤的方法。古罗马人继承了希腊人的习惯,他们用牛乳、面包渣和美酒制成美容面膜。举世闻名的埃及艳后晚上常常在脸上涂抹鸡蛋清,鸡蛋清干了便在脸上形成一层紧绷的膜,早晨起来用清水洗掉,可令肌肤柔滑、娇嫩,保持青春的光彩。

我国使用美容面膜也有几千年的历史。例如唐代女皇武则天,她在80多岁时面部皮肤依然细腻,容颜仍存。《新唐书》记载,"太后虽春秋高,善自涂泽,虽左右不悟其衰",可见武则天善于养生、善于美容,后来留世的美容秘方有武后神仙玉女粉,即后人常用的益母草驻颜方,就是益母草面膜。中国古代"四大美人"之一的杨贵妃则用珍珠、白玉、人参适量,研磨成细粉,用上等藕粉混合,调和成膏状敷于脸上。静待片刻,然后洗去。该方说是能去斑增白,去除皱纹,光泽皮肤。慈禧太后也很早就使用美容面膜。据记载,光绪三十年(1904年)六月二十三日,寿药房传出皇太后用祛风润面膜方剂:绿豆粉六分、山奈四分、白附子四分、白僵蚕四分、冰片二分、麝香一分,共研极细末,再过重筛,兑胰皂四两,敷面用之。

20世纪90年代以来,随着消费者对健康的日益关注,各种含有特殊功效成分的面膜不断问世,面膜的研发工作主要集中在适应市场竞争、符合化妆品法规和满足消费者需求方面。

三、面膜的分类

面膜是一种集清洁、护肤和美容于一体的多用途化妆品。按照面膜功效,可将其分为保湿面膜、美白面膜、控油面膜、抗敏感面膜、抗衰老面膜。面膜的功效与所添加的活性成分及面膜的种类有很大关系,同一种功效的面膜也可能有多种品类,而不同剂型的面膜代表着不同时期的流行趋势。

根据产品形态可分为膏(乳)状面膜、啫喱面膜、贴布式面膜、粉状面膜、揭剥式面膜。

(一)膏(乳)状面膜

膏(乳)状面膜是具有膏霜或乳液外观特性的面膜产品。膏状面膜一般不能成膜剥离，需用吸水海绵擦洗掉。膏状面膜大都含有较多的黏土类成分，如高岭土、硅藻土等，还含有润肤剂油性成分，常添加各种护肤营养物质，如海藻胶、甲壳素、火山灰、深海泥、中草药粉等（泥状面膜）。相较于剥离面膜，膏状面膜通常要涂抹得厚一些，以使面膜的营养成分充分被皮肤吸收。它的不便之处是不能将膜揭下，需用水擦洗掉面部已干的面膜。

（二）啫喱面膜

啫喱面膜是具有凝胶特性的面膜产品，可以用作睡眠面膜。

（三）贴布式面膜

贴布式面膜是具有固定形状，可直接敷于皮肤表面的面膜产品。其由于使用方便、简单而备受消费者的喜爱。贴布式面膜包含面膜布和精华液，面膜布作为介质，吸附精华液，可以固定在面部特定位置，形成封闭层，促进精华液的吸收，15～20 min 后，将布取下。近几年，贴布式面膜发展迅速，研发者在面膜材质和款式上不断创新，开发出各式各样的面膜布类产品。目前，市面上的面膜布材质有无纺布、蚕丝、概念隐形蚕丝、纯棉纤维、生物纤维、黏胶纤维、纤维素纤维和竹炭纤维等。

（四）粉状面膜

粉状面膜是以粉体原料为基质，添加其他辅助成分配制而成的粉状面膜产品。该类产品粉末细腻、均匀、无杂质，对皮肤无刺激、安全。使用时将适量的面膜粉末与水调和成糊状，涂敷于面部，随着水分的蒸发，经过 10～20 min，糊状物逐渐干燥，在面部形成一层较厚的膜状物。粉状面膜制造、包装运输和使用都很方便，适宜于油性、干性皮肤者使用。在粉体原料的选用上要求粉质均匀细腻、无杂质及黑点，对皮肤安全无刺激，使用后能迅速干燥，容易洗掉。

（五）揭剥式面膜

揭剥式面膜一般为软膏状和凝胶状。其以增塑聚乙烯醇为成膜基质，使用时将面膜涂敷于面部，待其干后揭去，这样黏附在面部的污垢、皮屑也随面膜同时被揭去，达到清洁皮肤的目的。

第二节　面膜类化妆品的配方及生产工艺

一、（水洗）膏状面膜

（水洗）膏状面膜包括以清爽增稠体系为主的睡眠面膜，其配方如表 5-1 所示。

表 5-1　睡眠面膜配方

组相	组分	质量分数/%	作用
A	水	加至 100	溶剂
	甘油	3	保湿剂
	生物糖胶-1	1	营养剂
	黄原胶	0.1	增稠剂
	EDTA-2Na	0.03	螯合剂
	柠檬酸	适量	pH 值调节剂
B	聚二甲基硅氧烷	0.5	感官修饰剂
	辛酸/癸酸甘油三酯	1.0	润肤油脂
	角鲨烷	0.5	润肤油脂
	聚二甲基硅氧烷醇	0.5	感官修饰剂
	泊洛沙姆338	1.0	肤感调节剂
	聚丙烯酰基二甲基牛磺酸铵	2.0	增稠剂、乳化剂
C	透明质酸钠（1%）	3	营养剂
	苯氧乙醇	0.5	防腐剂
	辛甘醇	0.5	保湿剂
	香精	适量	赋香剂
	CI 42090	适量	色素
	CI 42053	适量	色素

这类配方最重要的作用是将面膜中的润肤剂输送给皮肤，所期望的效果由配方中各组分的相互配合决定，起到保湿、软化皮肤、润滑、舒缓过干皮肤、增强皮肤屏障功能

等作用。当然，保湿剂或其他功效添加剂的添加也很重要，膏状面膜可灵活地用于面部，在皮肤上停留 5～10 min，使皮肤产生舒适、柔软和润湿的感觉，膏霜涂层可用纸巾擦除，或用水冲洗。

制备工艺：加热搅拌 A 相原料至 80℃，搅拌降温至 50℃；称量混合 B 相原料；将 A 相加入 B 相，均质 5 min；加入 C 相原料搅拌均匀。

目前，大多数水洗膏状面膜为加入高岭土等粉类原料的泥状面膜，将泥状面膜涂抹在皮肤表面，形成覆盖面部或身体某一部位的均匀的膜，随后干燥 5～10 min，当配方中的水分蒸发后，膜收缩，干黏土将可吸收或可吸附的物质吸入黏土，粒子亦起着温和摩擦作用，除去死皮细胞和过剩的油脂，使皮肤呈现清洁、平滑的状态。

泥状面膜的基质是细粒或微粒固体，如吸附性黏土、膨润土、水辉石、硅酸铝镁、高岭土、不同颜色黏土、胶体状黏土、滑石粉、碳酸镁或氧化镁、胶体氧化铝、漂（白）土、活性白土、河流或海域淤泥、火山灰、温泉土、二氧化钛、二氧化硅胶体、球状纤维素。

黏土来自硅—铝沉积岩，黏土中的痕量元素不同使得黏土有不同颜色。黏土呈绿色是由于铁的氧化物的存在；黏土呈红色是由于赤铁矿（一种含铜铁的氧化物）的存在；白黏土或高岭土中铝的含量高，紫色黏土是红色黏土和白色黏土的组合物。在面膜或体外敷膜中，所有黏土的推荐用量为 10%～40%。

添加二氧化钛和氧化锌的产品呈乳白色，并能使灰暗无光泽黏土发亮。此外，产品中还添加了天然或合成的胶质，如甲基纤维素、乙基纤维素、羧甲基纤维素、黄原胶、卡波姆、聚丙烯酸树脂类、海藻酸钠和阿拉伯胶等。面膜配方中亦含有润肤剂、乳化剂和保湿剂。表 5-2 至表 5-4 为 3 个水洗泥状面膜配方实例。

表 5-2　水洗泥状面膜配方（一）

组分	质量分数/%	作用
高岭土	30	粉料
甘油	20	保湿剂
膨润土	10	粉料
死海泥	10	粉料
功效添加剂	适量	功效物质
吐温-80	2	表面活性剂

组分	质量分数/%	作用
羧甲基纤维素	2	保湿剂
防腐剂	适量	防腐剂
香精	0.3	赋香剂
水	加至100	溶剂

制备工艺：将羧甲基纤维素加入水和甘油的混合物中高速分散搅拌并加热至 80～90℃，加入吐温-80 后再加入其他粉类物料，然后加入防腐剂及各种添加剂，抽真空脱气泡，最后加入香精。

表 5-3   水洗泥状面膜配方（二）

组相	原料名称	质量分数/%	作用
A	硬脂醇聚醚-2	2.00	乳化剂
	硬脂醇聚醚-21	3.00	乳化剂
	硬脂酸	0.50	助乳化剂、润肤油脂
	辛酸/癸酸甘油三酯	3.00	润肤油脂
	棕榈酸乙基己酯	4.00	润肤油脂
	氢化聚异丁烯	3.00	润肤油脂
	聚二甲基硅氧烷	2.00	感官修饰剂
	鲸蜡硬脂醇	3.00	润肤油脂
	甘油硬脂酸酯	2.00	润肤油脂
B	黄原胶	0.20	增稠剂
	甘油	4.00	保湿剂
	丁二醇	3.00	保湿剂
	高岭土	12.00	皮肤调理剂、粉体
	水	加至100	溶剂
C	甲基异噻唑啉酮/碘丙炔醇丁基氨甲酸酯	0.1	防腐剂
	苯氧乙醇/乙基己基甘油	0.60	防腐剂
	香精	适量	赋香剂

表 5-4 水洗泥状面膜配方（三）

组相	原料名称	添加量/%	作用
A	单硬脂酸甘油酯/聚乙二醇硬脂酸酯	3.5	乳化剂
	鲸蜡硬脂醇	3.5	固体油脂
	液体石蜡	3.0	液体油脂
	甘油硬脂酸酯	2.0	固体油脂
	氢化聚异丁烯	2.0	液体油脂
	辛酸/癸酸三甘油酯	6.0	液体油脂
	硬脂酸	1.5	固体油脂
	聚二甲基硅氧烷	2.0	肤感调节剂
	生育酚乙酸酯	0.5	抗氧化剂
B	甘油	6.0	保湿剂
	丁二醇	3.0	保湿剂
	黄原胶	0.1	增稠剂
	高岭土	12.0	粉体
	水	加至100	溶剂
C	自制	5.0	保湿剂
	水/甘油/海藻糖/麦冬根提取物/扭刺仙人掌茎提取物/苦参根提取物	1.0	抗敏止痒剂
	水/甘油/β-葡聚糖	3.0	保湿剂
D	丙二醇/甲基异噻唑啉酮/碘丙炔醇丁基氨甲酸酯/氯化钠	0.1	防腐剂
	苯氧乙醇/乙基己基甘油	0.7	防腐剂

制备工艺：将 A 相原料称好，加热到 80～85℃，保温半小时备用；用甘油和丁二醇将黄原胶预先分散，加入水相中，将 B 相其他原料称好，加入水相中，加热到 80～85℃，保温半小时备用；将 B 相进行均质（速率 6 000 r/min），将 A 相缓慢地倒入 B 相中，均质 5 min 左右；搅拌降温，当温度降至 50℃左右，加入 C 相原料；当温度降至 40℃时，加入 D 相原料，搅拌均匀即可。

二、贴布式面膜

贴布式面膜液配方以保湿剂、润肤剂、活性物质、防腐剂和香精等构成的水增稠体系为主。典型面膜液配方与生产工艺见表 5-5 和表 5-6。

表 5-5　面膜液配方

组相	原料名称	质量分数/%	作用
A	黄原胶	0.2	增稠剂
	去离子水	加至 100	溶剂
	丁二醇	2.0	溶剂、保湿剂
	甘油	4.0	溶剂、保湿剂
	海藻糖	1.0	保湿剂
	EDTA-2Na	0.05	金属离子螯合剂
B	库拉索芦荟叶汁/麦芽糊精	0.3	保湿剂
	水/银耳提取物	3.0	保湿剂
	水/水解燕麦蛋白	3.0	保湿剂、营养剂
	透明质酸钠	5.0	保湿剂
	水/甘油/海藻糖/麦冬根提取物/扭刺仙人掌茎提取物/苦参根提取物	1.0	抗敏止痒剂
	水/甘油/海藻糖/木薯淀粉/扭刺仙人掌茎提取物	1.5	刺激抑制因子
C	甲基异噻唑啉酮/碘丙炔醇丁基氨甲酸酯	0.15	防腐剂
	（日用）香精	适量	赋香剂

面膜液制备工艺：用称重过的烧杯将 B 相中库拉索芦荟叶汁及去离子水称取后搅拌均匀，再依次称取 B 相剩余原料加热搅拌 5～10 min，搅拌溶解至透明待用；用另一称重过的烧杯依次称取 A 相中的丁二醇、甘油，再称取透明黄原胶分散于丁二醇甘油混合物中，然后加入水搅拌均匀后，加入 A 相其余原料加热搅拌至80℃，保温 30 min后降温；降温至 45℃，加入 B 相待用溶液，搅拌混合均匀后加入 C 相原料，搅拌混合均匀；搅拌降至室温后称量，添加去离子水补足质量，搅拌均匀；将固定质量的面膜液倒入已经折好的面膜袋中，封口即可。

面膜生产工艺：成型面膜液各组分→混匀→静置→过滤→片状面膜，片材→压型→

灌装备用→浸渍涂布→包装。

表 5-6 保湿面膜液配方

组分	质量分数/%	作用
水	加至 100	溶剂
卡波姆	0.10	增稠剂
汉生胶	0.03	增稠剂
EDTA-2Na	0.02	螯合剂
甘油	6.00	保湿剂
1,3-丁二醇	4.00	保湿剂
甜菜碱	1.00	表面活性剂
聚乙二醇-32	1.00	保湿剂
β-葡聚糖	1.00	功效物质
银耳多糖	1.00	保湿剂
三乙醇胺	0.10	酸度调节剂
PEG-40 氢化蓖麻油	0.30	增溶剂
香精	适量	香精

三、粉状面膜

粉状面膜由基质粉料（如高岭土、钛白粉、氧化锌、滑石粉等）（骨架结构）、胶凝剂（如淀粉、硅胶粉、海藻酸钠）（形成软膜）、功能添加剂以及防腐剂组成。典型的配方见表 5-7 和表 5-8。

表 5-7 基础面膜配方

组分	质量/g	作用
胶态高岭土	20.0	粉料
结晶纤维素	10.0	粉料
膨润土	5.0	粉料
硅酸铝镁	5.0	粉料
磷脂	2.0	油脂
固体山梨醇	7.0	保湿剂

组分	质量/g	作用
防腐剂	适量	防腐剂
香精	适量	香精

表 5-8 粉状保湿面膜配方

组分	质量分数/%	作用
海藻酸钠	10.0	保湿剂
氧化锌	15.0	粉料
高岭土	50.0	粉料
结晶纤维素	20.0	粉料
甘油	5.0	保湿剂
香精	适量	香精
防腐剂	适量	防腐剂

制备工艺：将粉类原料研细、混合，将脂类物质喷洒其中，搅拌均匀后过筛即得产品。

四、揭剥式面膜

（一）配方组成

（1）成膜剂。使面膜在皮肤上形成薄膜，常用聚乙烯醇、羧甲基纤维素、聚乙烯吡咯烷酮、果胶、明胶、黄原胶等。成膜剂的选择在面膜配制过程中至关重要。成膜后，成膜厚度、成膜速度、成膜软硬度均与成膜剂的用量有关，因此必须认真选择。

（2）粉剂。在软膏状面膜中作为粉体，对皮肤的污垢和油脂有吸收作用。常用高岭土、膨润土、二氧化钛、氧化锌或某些湖泊、河流或海域淤泥。

（3）保湿剂。对皮肤起到保湿作用。常用甘油、丙二醇、山梨醇、聚乙二醇等。

（4）油脂。补充皮肤所失油分。常用橄榄油、蓖麻油、角鲨烷、霍霍巴油等。

（5）醇类。调整蒸发速度，使皮肤具有凉快感。常用乙醇、异丙醇等。

（6）增塑剂。增强膜的塑性。常用聚乙二醇、甘油、丙二醇、水溶性羊毛脂等。

（7）防腐剂。抑制微生物生长。常用尼泊金酯类。

（8）表面活性剂。起增溶作用。常用POE油醇醚、POE失水山梨醇单月桂酸酯等。

（9）其他添加剂。根据产品的功能需要，添加各种有特殊功能的添加剂。

①抑菌剂：二氯苯氧氯酚、十一烯酸及其衍生物、季铵化合物等；

②愈合剂：尿囊素等；

③抗炎剂：甘草次酸、硫黄、鱼石脂；

④收敛剂：炉甘石、羟基氯化铝等；

⑤营养调节剂：氨基酸、叶绿素、奶油、蛋白酶、动植物提取物、透明质酸钠等；

⑥促进皮肤代谢剂：维生素A、α-羟基酸、水果汁、糜蛋白酶等。

（二）典型配方示例

软膏状剥离面膜典型配方见表5-9。

表5-9　软膏状剥离面膜配方

组分	质量分数/%	作用
聚乙烯	15.0	保湿剂
聚乙烯吡咯烷酮	5.0	成膜剂
山梨醇	6.0	保湿剂
甘油	4.0	保湿剂
橄榄油	3.0	液体油脂
角鲨烷	2.0	液体油脂
POE失水山梨醇单月桂酸酯	1.0	表面活性剂
二氧化钛	5.0	粉料
滑石粉	10.0	粉料
乙醇	8.0	溶剂
香精	适量	香精
防腐剂	适量	防腐剂
去离子水	加至100	溶剂

软膏状剥离面膜的生产工艺流程，如图5-1所示。

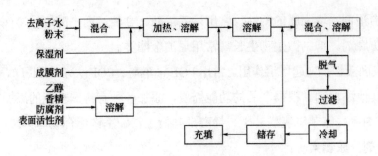

图 5-1 软膏状剥离面膜生产工艺流程

（1）将粉末二氧化钛和滑石粉在混合罐 1 的去离子水中溶解，混合均匀，然后加入甘油、山梨醇，加热至 70～80℃搅拌均匀，制成水相。

（2）将乙醇、香精、防腐剂、POE 失水山梨醇单月桂酸酯和油分在混合罐 2 中混合、溶解加热至 40℃，至完全溶解，制成醇相。

（3）分别将水相和醇相加入真空乳化罐，混合、搅拌、均质、脱气后，将混合物在板框式压滤机中过滤。过滤后储存到储罐，待包装。

透明凝胶剥离面膜典型配方见表 5-10。

表 5-10 透明凝胶剥离面膜配方

组分	质量分数/%	作用
聚乙烯醇	16.0	成膜剂
羧甲基纤维素	5.0	保湿剂
甘油	4.0	保湿剂
乙醇	11.0	溶剂
尼泊金乙酯	适量	防腐剂
香精	适量	香精
去离子水	加至 100	溶剂

制备工艺：在混合罐 1 中将聚乙烯醇和羧甲基纤维素在乙醇中溶解均匀。在混合罐 2 中将甘油、去离子水混合均匀。将混合罐 1 中混合物加入混合罐 2 中，加热溶解（70～80℃），搅拌均匀，冷却至 45℃时加入用乙醇溶解的香精、防腐剂。

将上述混合物经板框式压滤机过滤后，得透明澄清溶液，在储罐中储存，待包装。此类产品的工艺流程如图 5-2 所示。

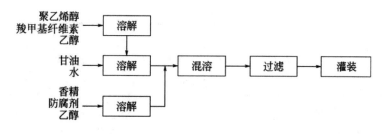

图 5-2　透明凝胶剥离面膜工艺流程图

第三节　面膜类化妆品的质量控制

按照我国行业标准《面膜》（QB/T2872—2007）规定，面膜类化妆品的技术要求主要包括以下几个方面：

（1）原料。使用的原料应符合《化妆品安全技术规范》的规定，使用的滑石粉应符合国家对化妆品滑石粉原料的管理要求，使用的香精应符合国家对日用香精的相关要求。

（2）面膜类化妆品的感官、理化、卫生指标应符合表 5-11 的要求。

表 5-11　面膜类化妆品的质量控制要求

项目		要求			
		膏（乳）状面膜	啫喱面膜	面贴膜	粉状面膜
感官指标	外观	均匀膏体或乳液	透明或半透明凝胶状	湿润的纤维贴膜或胶状成形贴膜	均匀粉末
	香气	符合规定香气			
理化指标	pH 值（25℃）	3.8～5.8		5.0～10.0	
	耐热	（40＋1）℃保持 24 h 恢复至室温后与试验前无明显变化	—	—	—
	耐寒	−5℃保持 24 h 恢复至室温后与试验前无明显变化	—	—	—
	霉菌和酵母菌总数/（CFU/g）	≤100			

119

项目		要求			
		膏（乳）状面膜	啫喱面膜	面贴膜	粉状面膜
卫生指标	菌落总数/（CFU/g）	≤1 000，眼、唇部、儿童用产品≤500			
	耐热大肠杆菌/g	不应检出			
	金黄色葡萄球菌/g	不应检出			
	铜绿假单胞菌/g	不应检出			
	铅/（mg/kg）	≤10			
	汞/（mg/kg）	≤1			
	砷/（mg/kg）	≤2			
	镉/（mg/kg）	≤5			
	甲醇/（mg/kg）	—		≤2 000（乙醇、异丙醇含量之和≥10%时需测甲醇）	

第六章　气雾剂及有机溶剂类
化妆品配方及生产工艺

第一节　气雾剂类化妆品配方
及生产工艺

气雾剂是指固体或液体的微粒在空气或气体中的胶体状态的分散体系。早期开发的气雾剂制品是指杀虫剂和喷发剂等，后来，随着气溶胶制品工艺和设备的发展，出现了泡沫和其他喷射式的制品。因此，现在把利用气体压力将封入耐压容器中的液体或流动性软膏、乳液或粉剂喷出分散为细微雾状物或均匀泡沫的制品统称为气溶胶（或气雾剂制品）。

气雾剂制品的一般制备原理是将产品基质和推进剂（液化气体或气体）一同封入耐压密封容器中，依靠推进剂的压力将内容物均匀地喷射出来或喷出泡沫。由于推进剂的压力，容器内处于加压状态，按压上部按钮时，喷射装置开通，将液层（原液和推进剂）喷射出，松开按钮，喷射装置关闭，喷射停止。

一、气雾剂类化妆品概述

（一）气雾剂类化妆品的分类

气雾剂类化妆品依据不同的标准主要分为五大类，分别是空间喷雾制品、表面成膜制品、泡沫制品、气压溢流制品和粉末制品。

空间喷雾制品主要是指能喷出细雾，颗粒小于 50 μm 的产品，如古龙水、空气清新剂等。表面成膜制品是指喷出来的物质颗粒较大，能附着在物质的表面、形成连续的薄膜的产品，如亮发油、去臭剂、喷发胶等。泡沫制品是指压出时立即膨胀，产生大量泡沫的化妆品，如剃须膏、摩丝、防晒膏等。气压溢流制品是指单纯利用压缩气体的压力使产品自动压出而形状不变的产品，如气压式冷霜、气压式牙膏等。粉末制品是指粉末悬浮在喷射剂内，和喷射剂一起喷出后喷射剂立即挥发留下粉末的产品，如气压式爽身粉等。

（二）气雾剂类化妆品的优缺点

1.优点

（1）密封性好。所填充的内容物不会蒸发，不会受外界微生物和灰尘的沾污，可防止产品氧化，只要内容物对罐体无腐蚀作用，就可长期储存，货架寿命可达 3～30 年。密封性能良好，即使容器倒置或翻倒产品也不会泄漏，并可制成不同大小的包装，便于携带和存放。

（2）使用方便。一些具有深颜色、碱性和化学活性的产品不需与人体其他部位接触就可喷射到皮肤表面，达到较好的效果。

（3）可通过控制阀门开启时间来控制喷出量。

（4）雾化好。一般情况下，液滴直径可达 10～50 μm。

（5）随着制罐和填充工艺的发展，成本降低，具有较强竞争力。

2.缺点

（1）雾化效果好，使用者可能会吸入体内，产生刺激作用。

（2）属于易燃易爆品，加热至 60～105℃时，容器压力会超过安全值，一些气雾剂制品具有可燃性，运输过程中应以危险品处理。

（3）使用时，特别是含有黏胶和树脂的制品，有时阀门容易堵塞，喷雾效果不好；容器内有 0.2～0.6 MPa 压力，在生产和运输过程中，推进剂可能慢慢泄漏，使瓶中压力下降。

（4）生产过程中耗能较大。

（5）向空气中释放气体和有机化合物蒸气时可能产生污染。

二、气雾剂类化妆品的构成及配方示例

（一）气雾剂类化妆品的构成

气雾剂类化妆品主要由基质（内容物）、推进剂、容器和阀门构成。

1.基质

基质是产品的主体，可以是溶液、分散体系、乳液或半固体型。

2.推进剂

气雾剂类化妆品主要依靠压缩或液化的气体压力将物质从容器内推压出来，这种供给动力的气体称为推进剂，也称为抛射剂。

推进剂分为两大类：一类是压缩气体，一类是液化气体。

压缩气体目前使用较多的有二氧化碳、氮气、氧化亚氮、氧气等。气体在压缩的状态下注入容器中，与有效成分不相混合。液化气体能在室温下迅速汽化，除了供给动能，还能和有效成分混合在一起，成为溶剂或冲淡剂。

3.容器

器身材料有金属、玻璃和塑料等，其中马口铁三片气雾罐应用最多，然后是二片镀锡铁罐、铝罐、玻璃瓶。塑料容器应用最少，多用于手按泵式气雾剂制品，气雾剂制品容器制造和灌装是关键技术，也是投资最大的部分。

（1）单片铝气雾罐。由铝锭经退火、润滑、挤压成型、脱膜、清洗去油、涂内层、涂外底层、烘干、外装饰印刷、收颈和翻口、检查等工艺制作而成。铝气雾罐与马口铁气雾罐相比较成本略高，但它由于耐爆破强度较高、印刷效果好、不易被氧化、不易被腐蚀、重量较轻、运输成本低等优点，目前被广泛使用。

（2）玻璃气雾罐。具有化学惰性、耐腐蚀、易清洗、易消毒、不泄漏、成本低、较易制成各种大小形状、外形新颖等优点，其缺点是易碎。主要被用于黏度较低、压力要求不高的产品，如古龙水、花露水、香水和药用制品等。

（3）塑料气雾罐。耐腐蚀、成本低、耐摔而且使用安全，可制成透明或半透明气雾罐。但由于推进剂和活性物对其有渗透性，且耐压较低，容量和大小受限制，可燃易变性等，所以使用较少。

4.阀门

阀门是整个气雾剂产品包装最重要的部件，是控制气雾剂产品内容物的喷射状态和喷射量的装置。不同类型的产品需要选择不同类型的阀门，这样才能达到最佳效果，其主要部件包括阀门固定盖、外密封圈、内密封圈、阀杆、弹簧、阀室和引液管等。

（二）气雾剂类化妆品配方示例

下面以喷发胶为例，说明气雾剂化妆品的配方。

喷发胶的主要作用是定型和修饰头发，以满足各种发型的需要。喷发胶呈雾状均匀地喷洒在干发上，在每根头发表面覆盖一薄层聚合物，这些聚合物将头发黏在一起，当溶剂蒸发后，聚合物薄膜就具有一定的韧性，使头发保持设定的发型。在选择聚合物的时候要保证聚合物与推进剂的配伍性良好，尽可能使雾滴细腻，在湿度较大的情况下仍然具有较高的卷曲保持率。而且要易于清洗，不会在头发上积累，聚合物产品的质量要稳定，能及时供应，经济成本要符合要求。最重要的是，要通过毒理学试验，证明对人体安全无害。主要活性物包括非离子、阳离子和两性聚合物，如果有需要，必须进行中和。

常见的聚合物如下：

（1）聚乙烯吡咯烷酮（PVP）。能在头发上形成光滑且有光泽的透明薄膜，但有吸湿性，当相对湿度较大时能吸收空气中的水分，使薄膜强度降低，以至于发黏，从而使发型变化。

（2）N-乙烯基吡咯烷酮/醋酸乙烯酯共聚物（PVP/VA）。对湿度敏感性比 PVP 低，可获得更好的定发效果，即使在高湿环境下，也能保持发型不变和减少黏性。形成的透明薄膜柔软且富有弹性。

（3）乙烯基己内酰胺/PVP/二甲基胺乙基甲基丙烯酸酯共聚物。对水的敏感度比 PVP 低得多，成膜性能也比 PVP 好，具有定发和调理双重功效和良好的水溶性以及在高湿下的强定发能力。

（4）N-叔丁基丙烯酰胺/丙烯酸乙酯/丙烯酸共聚物。丙烯酸部分需用碱中和，中和度为 70%～90% 时成膜性能最佳，膜硬度适中，易于洗掉，在潮湿空气中能保持发型不变。可用丙烷/丁烷作推进剂。

（5）丙烯酸酯/丙烯酰胺共聚物。与丙烷/丁烷相容性好，有很好的头发定型作用，即使在潮湿空气中也能保持良好发型。但该聚合物薄膜较硬，稍脆，应加增塑剂改善膜弹性。

（6）乙烯基吡咯烷酮/丙烯酸叔丁酯/甲基丙烯酸共聚物。需用氨基甲基丙醇中和，中和度以80%～100%为佳，不会发黏，成膜弹性很强，无须增塑剂，与丙烷/丁烷相容性好，潮湿空气下仍能保持发型。

喷发胶的配方如表6-1所示。

表6-1　喷发胶的配方组成

组成	原料举例	主要功能	质量分数/%
聚合物	PVP、PVP/VA、乙烯基己内酰胺/PVP/二甲基胺乙基甲基丙烯酸酯共聚物	头发定型、抗静电	5～10
溶剂	乙醇、去离子水	溶解作用、黏度调节、雾化程度调节、干燥速度调节、挥发性有机化合物含量调节	10～40
中和剂	氨甲基丙醇、三乙醇胺、三异丙醇胺、二甲基硬脂醇胺	中和树脂有机酸、改变聚合物溶解度、影响其他功能	适量
增塑剂	酯类（一般为液态）、水溶性硅油、蛋白质、多元醇、羊毛脂衍生物等	改善聚合物膜的柔韧性	聚合物干基质量分数的5%
香精	依据产品特性及消费者需求	赋香	适量
其他添加剂	氨基酸、维生素和植物提取物、紫外线吸收剂等	—	适量
推进剂	丙烷、正丁烷和异丁烷、二甲醚	产生气雾	15～30

目前，市场上主要有两种喷发胶：气雾型喷发胶和泵式喷发胶，其配方见表6-2、表6-3。气雾型喷发胶含有推进剂，不环保，但雾化效果好。泵式喷发胶不加任何喷射剂，不会对大气产生影响。泵式喷发胶中所用的高聚物与气雾型喷发胶大体相同。但泵式喷发胶的喷雾速度较低，雾化效果较差，如果获得与气雾型喷发胶相同的定发效果，则需提高聚合物含量。

表6-2 气雾型喷发胶配方

组分	质量分数/%			
	1	2	3	4
PVP	2.5	—	—	—
PVP/VA	—	2.5	—	—
丙烯酸酯/丙烯酰胺共聚物	—	—	—	5
N-叔丁基丙烯酰胺/丙烯酸乙酯/丙烯酸共聚物	—	—	2.8	—
氨基甲基丙醇	—	—	0.3	0.4
柠檬酸三乙酯	—	—	—	1
十六醇	—	—	0.05	
硅油	—	—	0.1	
蓖麻油	—	—	0.25	
月桂酸聚乙二醇酯	—	0.1		
羊毛脂	0.1	0.1		
鲸蜡醇	0.2	—	—	
聚乙二醇	0.1			
香精	适量	适量	适量	适量
无水乙醇	31.9	31.8	32.1	34.4
液化石油气	余量	余量	余量	—
正丁烷	—	—	—	余量

表6-3 泵式喷发胶配方

组分	质量分数/%			
	1	2	3	4
聚乙烯吡咯烷酮	3	—	1	
聚丙烯酸树脂	—	—	0.5	3
丙烯酸酯/丙烯酰胺共聚物	—	3	—	
聚氧乙烯（20）十八醇醚	1.5	—		
聚氧乙烯（20）羊毛醇醚	—	—	2	
丙二醇	2	—	—	
柠檬酸三乙酯	—	0.5	—	

续表

组分	质量分数/%			
	1	2	3	4
甘油	—	—	0.5	2
乙醇	10	40	10	30
三乙醇胺	—	0.5	0.1	0.4
聚乙二醇	—	0.7	—	—
香精、防腐剂	适量	适量	适量	适量
去离子水	余量	余量	余量	余量

　　气雾型喷发胶制作方法：先将无水乙醇加入搅拌锅中，依次加入辅料和高聚物，搅拌溶解（必要时可加热），然后加入香精，搅匀后经过滤制得原液。按配方将原液充入气雾容器内，安装阀门后按配方量充气即可。

　　泵式喷发胶制作方法：将乙醇加入搅拌锅中，然后将各种辅料加入，搅拌溶解后，加入高聚物等胶性物质，再次搅拌溶解均匀后，加入去离子水，最后加入香精及防腐剂混合均匀即可灌装。

三、气雾剂类化妆品的生产工艺

（一）生产工艺流程

　　容器输入→容器清洗→基料填充（基料充填量需检测）→装阀门→压罐充气（罐内压强和阀门内径需检查）→重量检测→检漏→吹干→加按钮→加盖帽→打码（内部压强和易燃性检查）→外包装，具体如图6-1所示。

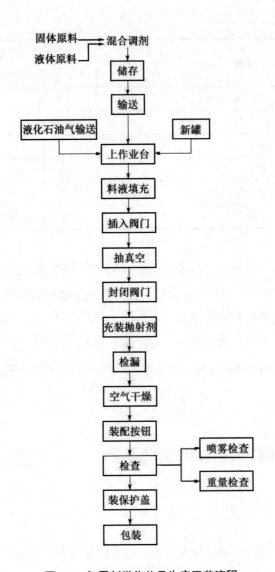

图 6-1　气雾剂类化妆品生产工艺流程

（二）灌装方式

气雾制品的灌装有两种方法，即冷却灌装和压力灌装。

1.冷却灌装

冷却灌装就是将主成分和喷射剂冷却后灌入气压容器内的方法。喷射剂一般被冷却到压力只有 0.7 kgf/cm² （68.646 5 kPa）时的温度，主成分一般冷却到比加入喷射剂时的温度高 10～20℃，但应保持主成分中各种成分不沉淀出来。主成分可以和喷射剂同时灌入容器内，也可先灌入主成分，然后灌入喷射剂。喷射剂产生的蒸气可将容器内的大部分空气逐出。如果产品是无水的，则灌装系统应有除水装置，以防冷凝水进入产品中影响产品质量，产生腐蚀及其他不良影响。将主成分及喷射剂装入容器后，应立即加上带有气阀的盖并接轧好，此操作必须迅速，以免喷射剂吸收热量，挥发损失。接轧好的容器在 55℃ 的水溶液内检漏，然后再经喷射试验检查压力与气阀是否正常，最后盖好盖帽。冷却灌装的优点就是操作迅速，空气易排除。但是也有较多缺点，如易进入冷凝水，设备投资大，操作工人操作需熟练，且必须是主成分冷却后质量不受影响的制品，因此其应用受到限制，现不常用。

2.压力灌装

首先要在室温下先灌入主成分，将带有气阀系统的盖接轧好，然后用抽气机将容器内的空气抽去，再从阀门灌入定量的喷射剂，最后经 55℃ 水浴漏气检查和喷射试验。相较于冷却灌装，压力灌装为生产和配方提供了较大的伸缩性，调换品种时设备清洗简单，而且产品中不会有冷凝水混入，设备投资也较少。但是压力灌装的操作速度慢，容器内的空气不易抽除干净，并且有产生过大内压和发生爆炸的危险。

3.生产注意事项

（1）喷雾状态。喷雾的性质（干燥的或潮湿的）受不同性质和不同比例的喷射剂、气阀的结构及其他成分（特别是酒精）的影响。低沸点的喷射剂形成干燥的喷雾，因此若要使产品形成干燥的喷雾，可以在配方中增加喷射剂，减少其他成分（如酒精），但这样会使压力改变，具体操作时应该和气压容器的耐压情况相适应。

（2）泡沫形态。泡沫形态由喷射剂、有效成分和气阀系统所决定。当其他的成分相同时，高压的喷射剂较低压的喷射剂所产生的泡沫更坚韧且有弹性。

（3）化学反应。要注意配方中的各种成分之间不起化学反应，同时要注意组分与喷射剂或包装容器之间不起化学反应。

（4）溶解度。各种化妆品成分对各种不同的喷射剂的溶解度是不同的，选择配方时应尽量避免溶解度不好的物质，以免在溶液中析出，阻塞气阀，影响使用性能。

（5）腐蚀作用。化妆品的成分和喷射剂都有可能对包装容器产生腐蚀，选择配方时应加以注意，对金属容器进行内壁涂覆和选择合适的洗涤剂可以减少腐蚀的产生。

（6）变色。酒精溶液的香水和古龙水，在灌装前的运送及储存过程中容易受金属杂质的污染，灌装后即使在玻璃容器中，色泽也会变深，应注意避免。泡沫制品较易变色。

（7）香气。香味变化的影响因素较多。制品变质、香精中香料的氧化以及和其他原料发生化学反应，喷射剂本身气味较大等都会导致制品香味发生变化。从香气角度选择喷射剂，二氯四氟乙烷和一氯二氟乙烷的气味最小，其对大多数的芳香油几乎无影响。

（8）低温考验。采用冷却灌装的制品应注意主成分在低温时不会出现沉淀等不良现象。

（9）环保和安全。低级烷烃和醚类是易燃易爆物质，在生产和使用过程中应注意安全。

第二节　有机溶剂类化妆品配方及生产工艺

有机溶剂类化妆品是指含有大量挥发性有机溶剂的液态产品。此类有机溶剂包括：醇类，乙醇、异丙醇、正丁醇；酮类，丙酮、丁酮；醚、酯类，乙二醇单乙醚、乙酸乙酯、乙酸丁酯、乙酸戊酯；芳香族，甲苯、二甲苯、邻苯二甲酸二甲酯。这类产品的主要代表是香水和指甲油。

一、香水

香水是将香料溶解于乙醇中的制品，有时根据需要，还可加入微量色素、抗氧化剂、杀菌剂、甘油、表面活性剂等添加剂。

按照香精和乙醇含量的不同可分为香水、古龙水和花露水。按产品形态不同可分为酒精液香水、乳化香水和固体香水三种。按香气可分为花香型香水和幻想型香水两类。花香型香水的香气，大多模拟天然花香配制而成，主要有玫瑰、茉莉、水仙、玉兰、铃兰、栀子、橙花、紫丁香、紫罗兰、晚香玉、金合欢、金银花、风信子、薰衣草等；幻想型香水是调香师根据自然现象、风俗、景色、地名、人物、情绪、音乐、绘画等方面的艺术想象，创造出的新香型，往往具有美好的名称，如素心兰、香奈儿 5 号、夜航、夜巴黎、圣诞夜、沙丘等。

好的香水，必须满足以下条件：

（1）有美妙的香气，优雅和高情调的芳香。

（2）有芳香特征。

（3）各种香气协调、平衡。

（4）芳香的扩散性好。

（5）香气有适度的强持续性。

（6）香气与制品的内含相一致。

（一）香水的起源及发展

香料历史悠久，早在神农时代，就有采集树皮草根作为医药用品来祛疫避秽，预防鼠疫或霍乱等疾病。当时人类对植物挥发出来的香气非常喜爱，于是就用有香物质来敬神拜佛、清净身心，同时用于祭祀、丧葬、占卜星象和魔术等方面，后来才逐渐用在饮食、装饰和美容上。

人类最早的香水是埃及人发明的可菲神香。12 世纪，第一批现代香水被创造出来，它由一种香精和乙醇混合而成。1709 年，意大利人法丽纳（Johann Maria Farina）在德国科隆用紫苏花油、摩香草、迷迭香、豆蔻、薰衣草、乙醇和柠檬汁制成了一种异香扑鼻的神奇液体。后来，法国士兵将其带回法国，起名为 Eau de Cologne（古龙水），一直沿用至今。到了 19 世纪下半叶，由于挥发性溶剂取代了早期的蒸馏法，尤其是人造合成香料在法国的诞生，使香水不再局限于单一的天然香型，香水家族也由此迅速壮大，并奠定了现代香水工业的基础。第一次世界大战后，女性社会地位有所提升，作风较之前大胆，这个年代的香水倾向于浓郁的花香，所以在 20 世纪 20 年代，香奈儿（Chanel）创造了世界上第一款加入乙醛的花香香水——Chanel NO.5。1978 年，雅诗兰黛推出的白麻（White Linen）加入了茉莉、玫瑰、铃兰和柑橘等香料，让人意识到香水也可以是日常用品，并非特别场合才可以使用。到了 20 世纪 90 年代，男女通用香水成为时尚。

（二）香水的配方与工艺

1.香水配方组成及举例

香水主要由香精（香料）、定香剂、乙醇、去离子水及其他类成分组成。

（1）香精（香料）。香精的搭配对香水的质量有很大影响。按照调香时的作用和用途，香精可分为主香剂、调和剂、修饰剂。主香剂为香精主体香的基础，在整个配方中用量最大，它的气味形成调和香气的主体和轮廓。调和剂用于调和主香剂的香味，使得香气浓郁而不刺激，用量很少。修饰剂也称变调剂，可以弥补主香剂香气上的不足，使香气更加协调，与调和剂没有本质区别。通常在香水中香精的含量较高，一般在15%～25%，所用香料也较为名贵。古龙水和花露水中香精含量则相对较低，一般在2%～8%，香味不如香水浓郁。

（2）定香剂。定香剂使全体香料紧密结合在一起，调节各种香料的挥发速度，保持香气持久性，使香气稳定。常选用一些沸点高、分子量大的物质。

定香剂按香气强弱，可分为：

①有芳香的定香剂，如洋茉莉香醛；

②有弱香或几乎无香的定香剂，如香荚兰素麝香。

定香剂按照原料种类，可分为：

①植物性定香剂，如秘鲁香胶、乳香、安息香等；

②动物性定香剂，如麝香等；

③合成定香剂，如香荚兰素、酮麝香等。

（3）乙醇。乙醇是香精的溶剂，对各类香精都具有良好的溶解性，还可以帮助香精挥发，增强芳香性。乙醇对香水的质量影响很大，所以对乙醇的外观、色泽、气味及微量杂质等都有一定的控制要求，尤其对甲醛含量有明确规定。用于香水类制品的乙醇应不含低沸点的乙醛、丙醛及较高沸点的杂醇油等杂质。

香水内香精含量较高的话，乙醇含量就需要高一些，否则香精不易溶解，溶液会产生浑浊现象，通常乙醇的含量为95%。古龙水和花露水内香精含量较香水低一些，因此乙醇的含量亦可以低一些。古龙水的乙醇含量为75%～90%，如果香精用量为2%～5%，则乙醇含量可为75%～80%。花露水香精用量一般在2%～5%，乙醇含量为70%～75%。

（4）去离子水。不同产品的含水量不同，香水中含有较多香精，所以水只能少加或不加，否则香精不易溶解，溶液容易浑浊。古龙水和花露水中香精含量较少，可以适当加入一定量的水代替乙醇，这样既可以降低成本，又能使香精的挥发性下降，留香持久。水质会影响香水的质量：水中若含有金属离子，就会加速香精氧化，引起香水变味；水中若含有微生物，微生物会被乙醇杀死而产生沉淀，且会产生令人不愉快的气息，损害产品的香气。

（5）其他。为保证香水类产品的质量，一般需加入金属离子螯合剂或抗氧化剂，如二叔丁基对甲酚等，或者为了使香气更加持久，可加入适量肉豆蔻酸异丙酯。另外，还会根据特殊的需要加入色素等。

香水的配方举例如表 6-4 至表 6-7 所示。

表 6-4　香水配方举例（紫罗兰香型）

组成	质量分数/%	组成	质量分数/%
紫罗兰花油	14.0	乙醇（95%）	80.0
金合欢油	0.5	灵猫香油	0.1
玫瑰油	0.1	麝香酮	0.1
龙涎香酊剂（3%）	3	檀香油	0.2
麝香酊剂（3%）	2	—	—

表 6-5　香水配方举例（茉莉香型）

组成	质量分数/%	组成	质量分数/%
苯乙醇	0.9	乙醇（95%）	80.0
羟基香草醛	1.1	α-戊基肉桂醛	8.0
香叶醇	0.4	乙酸苄酯	7.2
松油醇	0.4	茉莉净油	2.0

表 6-6　香水配方举例（古龙水型）

组成	质量分数/%		组成	质量分数/%	
	1	2		1	2
香柠檬油	2.0	0.8	柠檬油	—	1.4
迷迭香油	0.5	0.6	乙酸乙酯	0.1	—
薰衣草油	0.2	—	苯甲酸丁酯	0.2	—

组成	质量分数/%		组成	质量分数/%	
	1	2		1	2
苦橙花油	0.2	—	甘油	1.0	0.4
甜橙油	0.2	—	乙醇（95%）	75.0	80.0
橙花油	—	0.8	去离子水	20.6	16.0

表 6-7　香水配方举例（花露水型）

组成	质量分数/%	组成	质量分数/%
橙花油	2.0	安息香	0.2
玫瑰香叶油	0.1	乙醇（95%）	75.0
香柠檬油	1.0	去离子水	21.7

2.香水生产工艺

香水的制造是将调和香料与乙醇按一定比例混合，使香精在乙醇中溶解均匀，由于通常不使用其他溶剂，香精仅溶解于乙醇中，所以要在充分考虑香精的溶解性后，决定乙醇的使用量。乙醇的含量根据各种香水的配制要求在 75%～95% 不等，乙醇的含量除了与香精用量有关，还与香水配方有关，乙醇含量较高的香精使用的乙醇溶剂含量可以低一些（即含水量高一些）。当然香水制造厂是不可能得到香精配方的，可以用实验来确定香精的乙醇含量，先把香精按比例溶解于 95% 乙醇中，再慢慢滴加纯净水（同时搅拌）至浑浊状态，计算出水"饱和"时的乙醇含量，实际配制时加水量要低于"饱和"用量，以免配制好的香水在气温低时出现浑浊和分层。

混合后，将香水放入由不锈钢等稳定材料制成的密闭容器中，在冷的暗处陈化一段时间，陈化时间因香气的类型不同而异。陈化后要将沉淀物除去，透明的部分放入容器中储存，或进一步进行冷却过滤，过滤时一般采用过滤助剂加压过滤的方法，过滤条件因香水不同而有所变化。

刚配制的香水有醇类的刺激性臭味，陈化可使刺激性臭味消失，产生圆润、柔和的芳醇香，在陈化的过程中发生酯的生成、酯交换、缩醛生成、缩醛交换、自动氧化、聚合等化学反应，并且这些反应复杂地交织在一起。一般含水较多的体系，陈化较容易进行。为了缩短陈化时间，可以采用让乙醇预先陈化的办法，即工厂把刚购进的乙醇全部加入陈化剂搅拌均匀，配制香水时用已经陈化多时的乙醇将香精溶解，陈化较短时间，就可以在冷冻过滤后马上装瓶发货，从而减少积压。由于高级香水的赋香率较高，所以要注意变色情况，虽然通常不使用着色剂，但必要时也应进行着色处理。

总而言之，香水生产过程主要包括预处理、混合、陈化、冷冻、过滤、调整、产品检验及装瓶几个过程。

（1）预处理。制造香水的原料、乙醇、香精和水必须纯净，不能带有杂质，所以使用前必须经过预处理，这样才能保证产品外观清澈、气味醇和、香味圆润。

乙醇的预处理：包括纯化和陈化。

香精的预处理：在香精中加入少量预处理的乙醇，陈化 1 个月后使用。

水的预处理：蒸馏或灭菌去离子，通常用柠檬酸钠或乙二胺四乙酸来去除金属离子。

（2）混合。将乙醇、香精和水按照一定的比例放入不锈钢或搪瓷、搪银、搪锡的容器中，搅拌混合放置一段时间，让香精中的杂质充分沉淀，这样对成品的澄清度及在寒冷条件下的抗浑浊能力都有改善。

（3）陈化。混合好的香水要在密闭容器中低温陈化 1～3 个月，这是香水配制过程中的重要步骤之一。它是指将香精与乙醇混合后放置于低温密闭容器中，因为刚制成的香水，香气未完全调和，需要放置较长时间，这段时间称为陈化期，也叫成熟或圆熟。

（4）冷冻。香水遇到较低温度，就会变成半透明或雾状物，此后若再升温也不再澄清，将始终浑浊，因此香水必须冷冻后再进行过滤。

（5）过滤。陈化及冷冻后有一些不溶性物质沉淀出来，必须过滤去除以保证其透明清晰。

（6）调整。经过过滤后，香水色泽可能会被助滤剂吸附而变浅，乙醇也可能挥发，所以需在后期调整色泽和乙醇的含量。

（7）产品检验。用仪器对比色泽，测定密度及折射率，用常规方法测定乙醇含量等。

（8）装瓶。瓶子要用蒸馏水洗涤，装瓶时应在瓶颈处留出一些空隙，防止储藏期间瓶内溶液受热膨胀，使瓶子破裂。

（三）香水的质量控制

1.香水的行业标准

香水的感观、理化、卫生指标如表 6-8 所示。

表 6-8　香水的感观、理化、卫生指标

项目		要求
感观指标	色泽	符合规定色泽
	香气	符合规定香气
	清晰度	水质清晰,不应有明显杂质和黑点
理化指标	相对密度	规定值±0.02
	浊度	5℃水质清晰,不浑浊
	色泽稳定性	(48±1)℃保持24 h,维持原有色泽不变
卫生指标	甲醇含量/(mg/kg)	≤2 000

2.香水主要质量问题及原因

（1）浑浊和沉淀。可能是因为配方设计不合理,所用原料不合要求,生产工艺和生产设备的影响。

（2）变色、变味。可能是因为乙醇质量不好或预处理不好,水质处理不好,空气、热或光的作用,碱性作用。

（3）刺激皮肤。可能是因为原料本身刺激性过大;发生变色、变味时,刺激性会变大。

（4）严重干缩至香精析出分离。可能是因为包装不严,从而使乙醇挥发过多,香精析出。

二、指甲油

指甲油是用来修饰指甲,提高指甲美观度的化妆品,它能在指甲表面形成一层耐摩擦的薄膜,起到保护、美化指甲的作用。指甲油在结构组成上与硝化纤维素漆相似,从历史上看,1920 年汽车油漆的发展为现代指甲油的发明创造提供了新的思路,直到现在,尽管指甲油配方有不少改进,但超过这种类型特性的物质依然没有出现。

理想指甲油应具备的性质:

（1）指甲油必须是安全的,对皮肤和指甲无害,不会引起刺激和过敏;

（2）指甲油应有合适的黏度和流变特性,容易在支架上涂布和流平;

（3）色调鲜艳、符合潮流、有较好的光泽，不会因光照而失去光泽，色调均匀；

（4）有较快的干燥速度（3～5 min），涂布时形成润湿、易流平的液膜，干燥后形成均匀涂膜，不浑浊和"发霜"，无小针孔；

（5）颜料分散均匀，形成的涂膜均匀，有一定的硬度和韧性，不会成片，对指甲有好的黏着性，不容易从指甲上撕下，日常工作中不易脱落，耐久性好（一般可保持5～7 d），不会使指甲染色，涂膜质地滑而不黏，耐潮气，可透过水蒸气，有较好的光稳定性；

（6）使用指甲油清除剂等卸妆时能够很容易进行，并且能很干净地除去，不会对甲板造成损害；

（7）有较长的货架寿命，质地均匀，不会离浆或沉淀，不会变色，组分之间不会相互作用，不会氧化酸败，微生物不会使其变质。

（一）指甲油的起源及发展

指甲化妆品的使用可追溯至古代，我国古人用草本提取物和阿拉伯胶、蛋白、明胶和蜂蜡等制成了"装饰指甲"；古埃及人使用指甲花将指甲染成深红色，作为社交场合妇女身份的象征。

1920 年，受到汽车喷漆的启发，露华浓发明了现代意义上第一瓶指甲油。随后，因为考虑到指甲油中有害成分的影响，人们对指甲油的配方进行了无数次改进。1980 年，Tinkerbell 公司发明了第一款 bo-po（涂上去，撕下来）指甲油，成为那个时代女孩们最渴望拥有的彩妆产品。如今，市面上已经有了能根据使用者的体温和周围环境而改变颜色的指甲油，该产品一经推出就受到了消费者的普遍欢迎，不得不说它把指甲油的特殊效果提升到了新的高度。

（二）指甲油的配方组成及举例

指甲油的配方组成如表 6-9 所示。

表 6-9　指甲油配方组成

结构组分	主要功能	代表性原料
成膜组分	主要成膜剂	硝化纤维素
	辅助成膜剂	甲苯磺酰胺甲醛树脂、醇酸树脂、丙烯酸树脂等

续表

结构组分	主要功能	代表性原料
成膜组分	增塑剂	樟脑、柠檬酸酯、邻苯二甲酸酯等
溶剂组分	真溶剂	乙酸乙酯、乙酸丁酯等
	助溶剂或偶联剂	异丙醇、丁醇等
	稀释剂	甲苯等
着色组分	色料	有机颜料、无机颜料、染料等
	珠光颜料	合成珠光粉、铝粉等
悬浮剂组分	增稠剂	有机阳离子改性黏土类
活性组分	营养成分	明胶、蛋白质、维生素等

1.成膜剂

（1）主要成膜剂。主要成膜剂提供指甲油所需的许多特性，一般为合成或半合成的聚合物，所选的主要成膜剂必须溶于化妆品可接受的溶剂，且具有可形成快干、平滑、光亮膜等性质，同时有优良的黏着性，理想情况下，形成硬的、柔韧的膜，均匀涂布在指甲上，不会下陷或结块；聚合物必须对着色剂有良好的润湿能力，可形成具有良好遮蔽力的、亮的色层。此外，所选择的聚合物的单体含量要低，避免引起皮肤过敏和对皮肤产生刺激作用。

主要成膜剂的分子量将影响指甲油的黏度，亦影响所成膜的柔韧性、强度和耐化学性。在相同溶剂体系和浓度条件下，硝化纤维素的聚合度越高（即链长越长），形成膜后柔韧性越好，溶解度越低；相反，聚合度越低（即链长越短），成膜后脆性越大，溶解度越高。一般来说，成膜剂由一些不同黏度等级的聚合物组成，聚合物链长和浓度对产品黏度产生较大作用。

自从将硝化纤维素应用于指甲油以来，其一直是指甲油主要的成膜剂。硝化纤维素的优点是能在指甲表面产生黏着性好的光亮、韧性硬膜；涂膜快干、透明、有良好的可涂刷性，不会形成纤维质，有很好的流平性；可透过水蒸气，无毒；与其他成膜剂相比，成本较低。其缺点是易燃，属危险品，耐久性差，光泽低；如果残留酸含量高，则易于与铁、铜和某些颜料发生反应，引起褪色或降解；配制好的溶液久置会降解，黏度会下降。另外，硝化纤维素膜较硬，需要添加树脂和增塑剂改性。

（2）辅助成膜剂。辅助成膜剂是可改善指甲油基质涂料和指甲油最终产品成膜特性的制剂，因而将其称作改性树脂较为合适。单独使用硝化纤维素容易产生光泽度较低的膜，使膜变脆、变皱；大多数膜表面只有中等黏着作用，对水和化学品较敏感，添加含有官能团的树脂可改善其耐久性，引入有扁平立体化学结构的聚合物或低聚物可使膜有良好的光泽，含有环状结构的化合物对提高膜的光泽度特别有用；添加树脂可增加基料的固含量，增加膜的厚度，但不会使黏度增加，有利于改善成膜特性。

此外，辅助成膜剂可改善膜的耐水性且具有一定的增塑性，应该注意到有些影响不是立刻发生，而是经过一定的时间后才显现出来的。另外，有些树脂会使膜变脆，这些影响可通过选择合适的增塑剂进行调节，辅助成膜剂选择不当可能导致最终产品的质量下降。

辅助成膜剂必须与硝化纤维素以及配方中其他组分配伍（如溶剂和增塑剂）。辅助成膜剂与硝化纤维素的比例必须合适，否则生成的膜会太软或太硬，辅助成膜剂过量可能导致膜干得慢和太柔软。

最常用的辅助成膜剂为甲苯磺酰胺甲醛树脂（TSFR），20世纪90年代以来，公众对TSFR中残留的甲醛日益关注，对TSFR的使用安全性有所质疑，近年来开发了一些TSFR的替代品，如不含甲醛的甲苯磺酰胺/环氧化合物共聚物、聚酯、丙烯酸酯类/甲基丙烯酸酯类共聚物、聚乙烯醇缩丁醛等。

（3）增塑剂，又称增韧剂。硝化纤维素所生成的膜，在不含增塑剂时，硬而脆，易致脱薄，要想改进这一缺点，使膜具有柔软性和耐久性，就必须添加增塑剂。在选择指甲油所使用的增塑剂时，还须要求增塑剂与溶剂、硝化纤维素和树脂的溶解性好，挥发性小，稳定、无毒、无臭味。增塑剂不仅可以改变成膜的性质，亦可增加成膜光泽性，但含量过高，会影响成膜附着力。

指甲油中的增塑剂可分为两类：一类是溶剂型增塑剂，其本身既是硝化纤维素的溶剂，也是增塑剂，主要包括分子量低的、有较高沸点和低挥发性的酯类，如邻苯二甲酸二丁酯、邻苯二甲酸二辛酯、邻苯二甲酸二乙酯、三甲苯基磷酸酯、乙酰基三乙基柠檬酸酯、二异丁基己二酸酯、丁基辛基己二酸酯等，这类是真正的增塑剂；另外一类是非溶剂型增塑剂，也称为软化剂，主要包括蓖麻油和樟脑，其不与硝化纤维素配伍，必须与聚合物溶剂一起使用，使其保持在膜内。增塑剂的用量一般为硝化纤维素干基质量的25%～50%。

2.溶剂

指甲油中所使用的溶剂的作用是溶解硝化纤维素、树脂和增塑剂，调整黏度，使其具有适当的使用性能，并具有适度的挥发速度。溶剂的选择和复配直接影响指甲油的质量和使用性能，如可改善膜的流平性、柔韧性、硬度、光泽、稳定性和耐久性等。

溶剂的挥发性对指甲油膜形成与膜性质均有重要影响。挥发性太大，会影响指甲油的流动性；挥发太快，会降低温度，将空气中的水分冷凝在膜表面，使膜失去光泽；而挥发太慢，会使指甲油流动性太大，成膜不匀，使成膜干燥时间延长。因此，指甲油用溶剂多数由多种溶剂配伍而成，单独使用某一种溶剂无法满足品质方面的要求。

指甲油中使用的溶剂主要包括醇类、酯类和酮类。按照溶解能力，对于某种被溶解的物质而言，指甲油的溶剂由主溶剂、助溶剂和稀释剂三部分组成。主溶剂为能完全溶解硝化纤维素的溶剂，其溶解力最强，如丙酮、低碳酯等。助溶剂与硝化纤维素有亲和性，单独使用时没有溶解性，但与主溶剂混合使用时，能增加对硝化纤维素的溶解性，有提高使用感的效果，常使用的助溶剂有乙醇、丁醇等醇类。稀释剂单独使用时对硝化纤维素完全没有溶解力，但配合到溶剂中可增加对树脂的溶解性，还可调整使用感，常用的有甲苯、二甲苯等烃类。稀释剂价格较低，增加它的用量可降低成本。

3.着色剂

指甲油所有的着色剂必须符合国家有关规定，现在随着着色剂的发展和时尚流行趋势的变化，指甲油的色彩也千变万化，指甲油的着色剂主要包括无机颜料、有机颜料、珠光颜料。无机颜料是完全不透明的，常含有黑色或棕色的杂质，颜色显得较暗淡和"浑浊"；有机颜料是有很明亮色彩的物质，可赋予指甲鲜艳色彩；由二氧化钛覆盖云母制成的干涉型珠光颜料是当今品种最多和最重要的珠光颜料，这类颜料的光学性质取决于化学组成、晶体结构、覆盖层的厚度、云母粒径和生产工艺。

4.其他功效添加剂

一些功效添加剂可赋予指甲油一些独特的性质（如改善黏度、预防紫外线等），或容许市场上对产品进行宣称（如加固指甲、补充维生素、保湿）等。指甲油的配方如表6-10至表6-12所示。

表 6-10　指甲油配方（一）

组成	质量分数/%	组成	质量分数/%
硝化纤维素	21.0	乙酸乙酯	28.0
邻苯二甲酸二丁酯	6.0	白炭黑	1.0
甲苯磺酰胺甲醛树脂	10.0	乙醇	4.0
醋酸正丁酯	10.0	甲苯	20.0

表 6-11　指甲油配方（二）

组成	质量分数/%	组成	质量分数/%
硝化纤维素	10.0	乙醇	5.0
醇酸树脂	10.0	甲苯	34.0
柠檬酸乙酰三丁酯	5.0	颜料	适量
乙酸乙酯	20.0	防沉淀剂	适量
乙酸丁酯	15.0	—	—

表 6-12　指甲油配方（三）

组成	质量分数/%	组成	质量分数/%
硝化纤维素	11.5	乙酸乙酯	31.6
磷酸三甲苯酯	8.5	乙酸丁酯	30.0
邻苯二甲酸二丁酯	13.0	着色剂	0.4
乙醇	5.0	—	—

（三）指甲油的生产工艺及质量评估

1.生产工艺

指甲油的生产工艺对产品品质具有很大影响，多数指甲油的功能差别被认为是生产工艺不同造成的，生产工艺直接影响指甲油的光泽、沉积和过度胶凝作用，也就是说，完全相同的配方，生产工艺不同可能产生不同的结果。

由于指甲油生产需要大量易燃易爆的原料，这些原料是一些化妆品配方师所不熟知的，因此需要特别注意厂房建筑、配电、照明和通风应符合防火及防爆的技术标准。指甲油生产工艺如图 6-2 所示。

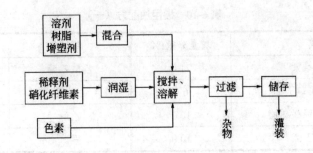

图 6-2　指甲油生产工艺

将颜料、硝化纤维素、增塑剂和足够的溶剂调成浆状，然后研磨数次达到所需细度备用。制造透明指甲油不加颜料，先将一部分稀释剂加入容器中，不断搅拌，加入硝化纤维素全部润湿，然后依次加入溶剂、增塑剂和树脂，搅拌数小时使有效成分完全溶解，经压滤除去杂质和不溶物，储存备用。制造不透明指甲油时在搅拌条件下，把上述制备好的颜料浆加进去，搅匀即可。

在指甲油生产过程中，颜料的制备是最重要的一步，颜料色浆研磨得越细，指甲油的光泽度越高。指甲油颜料一般预先加工成颜料小片，将所需的颜料与硝化纤维素填入有机黏土溶液和增塑剂等混合物中混合，然后将所得的混合物干燥、粉碎成片。尽管最终获得的碎片是稳定的，但加工过程十分危险，大多数指甲油生产商喜欢购买这类预制好的指甲油着色剂碎片。生产时，将着色剂碎片按配方配制成所需的色调的混合物，在防火的条件下，使用高剪切力的桨叶进行搅拌，并将混合着色剂碎片加入硝化纤维素溶液中，过程中必须小心控制温度，避免过度升温，当色调达到均匀后，加入其他溶剂和添加剂，接着加入有机黏土悬浮浆液和漆料，有时还需要添加可以改善黏度的添加剂。

设计指甲油配方和生产工艺时应考虑以下几方面：

（1）所有组分必须配伍；

（2）整个配方中，硝化纤维素和树脂、硝化纤维素和增塑剂、固体和溶剂之间必须保持某种比例；

（3）树脂不仅可增加硬度，还可增加干燥时间；

（4）高浓度的乙酸丁酯和低浓度的乙酸乙酯可增加干燥时间，反之亦然；

（5）低凝胶浓度时，高浓度乙酸乙酯可降低黏度和增加干燥时间，反之亦然；

（6）高增塑剂浓度使膜变软，但会使黏着作用降低；

（7）高浓度的乙酸丁酯加速溶剂分离和某些着色剂在指甲油表面分离（离浆）；

（8）有些非常规的色调配方，如蓝色、黄色、橙色和黑色配方会加速离浆；

（9）总颜料含量和珠光颜料含量不应超过最大值，二氧化钛最高含量不超过总颜料含量的50%；

（10）当配制单层指甲油时，总颜料含量增加会导致黏度明显增加以及耐久性变差；加工工艺过程、储存条件、灌装过程甚至包装都可能影响离浆。

2.指甲油的质量评估

根据我国行业标准《指甲油》（QB/T 2287—2011），技术指标包括色泽（符合企业标准）、干燥时间（≤10 min）、牢固度（薄膜绣花针划线法，无脱落）、净含量允差[≤（10±1）g]。这些是最基本指标，但对于研发满足消费者需要的产品的企业来说是不够的，一般还应包括表 6-13 中的评估项目。

表 6-13　指甲油的质量评估项目和方法

评估项目	评估方法
固含量	测定溶剂蒸发后的固体含量，在105℃恒温烘箱中烘 2 h，根据烘前和烘后的质量计算固含量
稳定性实验	在 40℃恒温箱中存放，在 1 d、2 d、3 d 时观察瓶中产品是否发生沉降、离浆或分层，试验温度亦可根据产品要求选择25℃、45℃、50℃，一般可在荧光灯下进行，同时评估热和光的稳定性，如有需要可进行冻—融循环试验
黏度测量	测量受剪切前（静置后）和后的黏度，估算触变指数
水分含量	测定配方中的水分，用卡尔·费休法
挥发性组分含量	证实配方中挥发性组分含量，用气相色谱法

按照《化妆品安全技术规范》规定，指甲油的感官、理化及卫生指标如表 6-14 所示。

表 6-14　指甲油感观、理化、卫生指标

项目		要求	
		Ⅰ 型	Ⅱ 型
感官指标	外观	透明指甲油：清晰透明	有色指甲油：符合企业规定
	色泽	符合企业规定	
理化指标	牢固感	无脱落	无脱落
	干燥时间/min	≤8	

项目		要求	
		Ⅰ型	Ⅱ型
有害物质指标	铅/（mg/kg）	≤10	
	汞/（mg/kg）	≤1	
	砷/（mg/kg）	≤2	
	镉/（mg/kg）	≤5	
	甲醇/（mg/kg）	≤2 000（乙醇、异丙醇之和≥10%时需测甲醇）	
卫生指标	菌落总数/（CFU/g）或（CFU/mL）	其他化妆品≤1 000，眼、唇部、儿童用产品≤500	
	霉菌和酵母菌总数/（CFU/g）或（CFU/mL）	≤100	
	耐热大肠杆菌群/g 或 mL	不得检出	
卫生指标	金黄色葡萄球菌/g 或 mL	不得检出	
	铜绿假单胞菌/g 或 mL	不得检出	

注：Ⅰ型指甲油不测微生物指标。

指甲油最后评价是评审组的评价和消费者使用评价，这些评价包括感官评价（如色调、光泽、香型等）和使用性评价（如方便使用、附件和包装等）。

第七章 化妆品企业创新营销策略研究

第一节 化妆品企业整合营销策略

整合营销理论产生和流行于 20 世纪 90 年代，由美国西北大学教授舒尔茨（Don E. Schultz）提出。

一、整合营销概述

（一）整合营销的内涵

1.整合营销传播

整合营销概念最初是以整合营销传播的形式出现的。1991 年，舒尔茨提出了整合营销传播的新概念。舒尔茨认为，整合营销传播的核心思想是以整合企业内外部所有资源为手段，再造企业的生产行为与市场行为，充分调动一切积极因素以实现企业统一的传播目标。

2.整合营销

随后，整合营销传播开始扩展为整合营销。

（1）1995 年，库德（Paustian Chude）首次提出了整合营销概念，他给整合营销下了一个简单的定义：整合营销就是"根据目标设计（企业的）战略，并支配（企业各种）资源以达到企业目标"。

（2）科特勒（Philip Kotler）在《营销管理》一书中从实用主义角度揭示了整合营销实施的方式，即企业里所有部门都为了顾客利益而共同工作。这样，整合营销就包括两个层次的内容：一是不同营销功能，如销售、广告、产品管理、售后服务、市场调研等必须协调；二是营销部门与企业其他部门，如生产部门、研究开发部门等职能部门之间必须协同。

（3）整合营销是一种对各种营销工具和手段的系统化结合，根据环境进行即时性的动态修正，以使交换双方在交互中实现价值增值的营销理念与方法；整合就是把各个独立的营销综合成一个整体，以产生协同效应。这些独立的营销工作包括广告、直接营销、人员推销、包装、赞助和客户服务等。应战略性地审视整合营销体系、行业、产品及客户，制定出符合企业实际情况的整合营销策略。

尽管对于整合营销的概念仍存在很大争议，但它们的基本思想是一致的，即以顾客需求为中心，变单向诉求和灌输为双向沟通；树立产品品牌在消费者心目中的地位，建立长期关系，实现消费者和厂家的双赢。

（二）整合营销的内容

一般来说，整合营销包括两个层次的整合，即水平整合和垂直整合。

1.水平整合

（1）信息内容的整合

企业所有与消费者有接触的活动，无论其方式是媒体传播还是其他的营销活动，都是在向消费者传播一定的信息。企业必须对所有这些信息内容进行整合，根据企业所想要的传播目标，对消费者传播一致的信息。

（2）传播工具的整合

为达到信息传播效果的最大化，节省企业的传播成本，企业有必要对各种传播工具进行整合。所以，企业要根据不同类型顾客接受信息的途径，衡量各种传播工具的传播成本和传播效果，找出最有效的传播组合。

（3）传播要素资源的整合

企业的一举一动、一言一行都是在向消费者传播信息，应该说传播不仅仅是营销部门的任务，还是整个企业所要担负的责任。所以，有必要对企业所有与传播有关联的资源（人力、物力、财力）进行整合，这种整合也可以说是对接触管理的整合。

2.垂直整合

（1）市场定位整合

任何一个产品都有自己的市场定位，这种定位是在基于市场细分和企业的产品特征的基础上确定的。企业营销的任何活动都不能有损企业的市场定位。

（2）传播目标的整合

有了确定的市场定位以后，就应该确定传播目标了，有了确定的目标才能更好地开展后面的工作。其主要任务是根据产品的市场定位设计统一的产品形象。各个营销组合之间要协调一致，避免冲突、矛盾。

（3）品牌形象整合

品牌形象整合包括品牌识别的整合和传播媒体的整合。名称、标志、基本色是品牌识别的三大要素，它们是形成品牌形象与资产的中心要素。品牌识别的整合就是对品牌名称、标志和基本色的整合，以建立统一的品牌形象。传播媒体的整合主要是对传播信息内容的整合和对传播途径的整合，以最小的成本获得最好的效果。

（三）整合营销特征

整合营销就是把各个独立的营销综合成一个整体，产生协同效应。其具有以下特征：

（1）在整合营销传播中，消费者处于核心地位；

（2）对消费者深刻全面地了解是以建立资料库为基础的；

（3）整合营销传播的核心工作是培养真正的消费者价值观，与那些最有价值的消费者保持长期的联系；

（4）以本质上一致的信息为支撑点进行传播，企业不管利用什么媒体，其产品或服务的信息一定要清楚一致；

（5）以各种传播媒介的整合运用为手段进行传播；

（6）紧跟移动互联网发展趋势，尤其是互联网向移动互联网延伸、手机终端智能化以后，新技术给原有 PC（personal computer，个人计算机）互联带来了前所未有的冲击，在这个过程中应当紧盯市场需求，整合现有资源，包括横向和纵向资源。

二、化妆品企业整合营销的操作思路

（一）以整合为中心

着重以消费者为中心并综合利用化妆品企业所有资源，实现企业的高度一体化营销。整合既包括化妆品企业营销过程、营销方式以及营销管理等方面的整合，也包括企业内部的商流、物流和信息流的整合。

（二）追求系统化管理

整体配置化妆品企业的所有资源，企业中各层次、各部门和各岗位，以及总公司、子公司，产品供应商与经销商及相关合作伙伴协调行动，形成竞争优势。

（三）强调协调与统一

化妆品企业营销活动的协调性，不仅仅是企业内部各环节、各部门的协调一致，还强调企业与外部环境协调一致，共同努力以实现整合营销。

（四）注重规模化与现代化

整合营销十分注重企业的规模化与现代化经营。规模化不仅能使企业获得规模经济效益，还能为企业有效地实施整合营销提供客观基础。整合营销同样也依赖于现代科学技术、现代化的管理手段，现代化可为企业实施整合营销提供有效保障。

三、化妆品企业整合营销的步骤

（一）建立数据库（识别客户和潜在客户）

整合营销规划的起点是建立数据库。数据库是记录顾客信息的名单，含有每个顾客和潜在顾客的营销数据，包括历史数据和预测数据。其中，历史数据记录了顾客的姓名、地址、最新购买的化妆品类型、购买次数、对优惠措施的回应、购买价值等信息；预测数据则通过对顾客属性进行打分，用以鉴别哪个群体更可能对某项特定优惠做出回应，它有助于预测顾客未来的购买行为。

数据库是企业最有价值的资产。成功的营销依赖于重复营销，企业的营销挑战来自如何有效地吸引和维护有价值的终身客户，数据库营销是解决这一问题的有效途径之一。当前，市场营销已经由客户采集（赢得新客户）阶段、客户保持（维护终身客户）阶段，转向客户淘汰阶段（放弃没有营利价值的客户，仔细挑选和维护有更高收益的客户群体），化妆品企业建立数据库的目的在于通过对数据库的管理，确定有价值的终身客户，并与之发展良好的客户关系。

数据库管理的主要内容包括数据库的建立、数据贮存、数据挖掘、数据处理、数据维护等，通过上述工作，化妆品企业可以更好地了解消费者和潜在消费者。化妆品企业建立数据库的初衷是获得顾客，终极目标则是确定和保留有价值的顾客；通过对数据库中贮存的大量顾客信息进行分析挖掘，揭示出隐藏在数据中的顾客价值；数据库的处理为更准确地确定目标顾客创造了机会；数据库的维护则能提高顾客名单的准确性，并提高顾客回应的成本效益。

（二）选择目标市场（对客户和潜在客户进行评估）

这是第二个重要的步骤。根据数据库资料，化妆品企业要尽可能将消费者及潜在消费者行为方面的资料作为市场划分的依据，相信消费者的行为资讯比其他资料更能清楚地显现消费者在未来可能会采取的行动，因为用过去的行为推论未来的行为更为直接、有效。化妆品企业首先要进行市场细分，在此基础上，选择企业拟进入的目标市场，并进行相应的市场定位。同时，在特定的目标市场，还要根据消费者及潜在消费者的行为信息将他们分为三类：本品牌的忠诚消费者、其他品牌的忠诚消费者、游移消费者，并依据他们在品牌认知、信息接收方式及渠道偏好等方面的差异，有针对性地开展各项营销活动。

（三）接触管理（信息和诱因的创造和传递）

所谓接触管理，就是企业可以在某一时间、某一地点或某一场合与消费者进行沟通。

整合营销的起点和终点都是消费者，无论是化妆品企业的价值供应活动（产品开发、价格制定、分销），还是营销传播活动（广告、人员推销、公共关系），均需以4C理论，即消费者（consumer）、成本（cost）、便利（convenience）、沟通（communication）理论为基础。需要注意的是，在买卖双方之间存在着界面，必须通过某种接触通道将二者联系在一起，才能实现价值共享。消费者和企业只有通过接触通道才能发生联系，因此必须对其进行管理。

舒尔茨认为，每个接触通道都应该是营销沟通工具。接触管理就是要强化可控的正面传播，减缓不可控的或不利于产品与服务的负面传播，从而使接触信息有助于强化消费者对品牌的感觉、态度与行为。

具体地说，接触管理要解决的问题是合理选择与消费者进行沟通的时间、地点、方式，具体做法如下：

（1）要确定目标消费者所有可能接触的通道，列出影响消费者购买或使用产品的接触渠道清单。

（2）要对清单进行分析，找出能够诱发消费者联想到产品和品牌的重要接触点，从而确定最能影响消费者购买决策的关键通道和最能影响潜在消费者信息传递的关键通道。

（3）要根据不同类别的消费者分别确定明确的营销沟通目标。

（四）制定营销战略

这意味着什么样的接触管理之下，该传播什么样的信息，而后，为整合营销传播计划制定明确的营销目标，并将其与企业战略及企业的其他业务相结合，实现企业层次的营销整合。对大多数企业来说，营销目标必须非常准确，同时在本质上也必须是数字化的目标。例如，对一个擅长竞争的品牌来说，营销目标就可能是以下三个方面：激发消费者试用该品牌产品，消费者试用过后鼓励其继续使用并增加用量，促使其他品牌的忠诚消费者转换品牌并建立起对该品牌的忠诚度。

（五）选择营销工具

营销目标一旦确定，就要决定用什么营销工具来完成此目标，显而易见，如果将产品、价格、通路都视为和消费者沟通的要素，那么整合营销传播企划人将拥有更多样、广泛的营销工具来完成企划，关键在于考虑哪些工具、哪种结合最能有效协助企业达成传播目标。

在营销战略目标的指导下，根据消费者的需求和欲望、消费者愿意付出的成本、消费者对购买便利的需求，以及消费者的沟通方式确定具体的营销工具，并找出最关键的工具，将其与其他营销工具进行整合。

（六）进行沟通整合

沟通整合是整合营销的最后一步，也是非常重要的一个步骤。依据顾客信息，对不同行为类型的消费者分别确定不同的传播目标，使用不同的传播工具，如广告、营业推广、公共关系、人员推销等，并根据实际情况将多种工具结合使用，以整合成协同力量。

第二节　化妆品企业直接营销策略

直销，也叫直接营销或直复营销。直销产生于 20 世纪 50 年代的美国。直销实际上是最古老的商品销售方式之一，古时候人们进行商品交换时，首先学会的就是直销。

按世界直销协会联盟的定义，直销指以面对面且非定点的方式销售商品和服务，直销者绕过传统批发商或零售通路，直接由顾客接收订单。

一、直接营销的概念

直接营销起源于邮购活动。伟门（Lester Wunderman）在 1967 年首先提出直接营销的概念。他认为人类社会开始的交易就是直接的，那种古典的一对一销售（服务）方式是最符合并能最大限度地满足人们需要的方式。直接营销强调在任何时间、任何地点都可以实现企业与顾客的"信息双向交流"。

直销也可以简称为厂家直接销售，是不经过代理可以直接销售的，指直销企业招募直销员直接向最终消费者进行销售的一种经营销售方式。

世界直销协会联盟对于直销的概念是如此定义的：直销是指在固定零售店铺以外的地方（如个人住所、工作地点或者其他场所），由独立的营销人员以面对面的方式，通过讲解和示范方式将产品和服务直接介绍给消费者，进行消费品的行销。

（一）狭义直销

所谓狭义直销，就是产品生产商、制造商、进口商通过直销商（兼消费者）以面对面的方式将产品销售给消费者，包括单层直销和多层直销。

1.单层直销

单层直销有 20% 的直销公司使用。单层次直销即介绍提成模式，如保险公司、期货公司的经纪人都是无工资的，靠自己人际关系销售产品并获得提成，但开发的顾客没有成为销售人员，没形成层级结构，因此这是合法的。

2.多层直销

多层直销则有 80% 的直销公司使用。多层直销是根据公司的奖励制度，直销商（兼消费者）除了将公司的产品或服务销售给消费者，还可以吸收、辅导、培训消费者成为他的下级直销商，他则成为上级直销商，上级直销商可以根据下级直销商的人数、代数、业绩晋升阶级，并获得不同比例的奖金。

（二）广义直销

这种模式也叫多层次直复营销，产品生产商、制造商、进口商通过媒体（电视购物频道、互联网）将产品或者资讯传递给消费者。多层次直销中的"直"是指不通过分销商直接销售给消费者，"复"是指企业与顾客之间的交互，顾客对企业营销努力有一个明确的回复（买与不买），企业根据可统计到的明确的回复数据，对以往的营销效果作出评价。

二、直销的要素

直销有以下三方面的要素。

（一）公众消费意识

由于直销直接面对客户，减少了仓储面积并杜绝了呆账，没有经销商和相应的库存带来的额外成本，因而可以保障企业及客户利益，加快企业的成长步伐。

（二）一对一关系的建立与形成

直销就是产品不通过各种商场、超市等传统销售渠道进行分销，而是直接由生产商或者经销商组织产品销售的一种营销方式。

（三）现场展示与焦点促销

世界上流行的直销，是直销员通过举办各种产品推介活动，向顾客介绍产品，演示产品用途的一种促进销售的形式。

三、化妆品企业直接营销的种类

自从安利、雅芳等国外直销企业登陆中国市场以后，那种国外流行的通过举办各种活动吸引顾客、讲解产品、实现销售的形式，已经被中国的直销员在应用中加以改造，形成了数种具有中国特色的直销形式。

（一）邮递直销

邮递直销是营销人员把信函、样品或者广告直接寄给目标顾客的营销活动。目标顾客的名单可以租用、购买或者与无竞争关系的其他企业相互交换。使用这些名单的时候应检查重复的人名，以免同一类型的化妆品被两次以上地寄给同一顾客，引起反感。

（二）电话直销

电话直销是营销人员通过电话向目标顾客进行营销的活动。电话的普及，尤其是800免费电话的开通，使消费者更愿意接受这一形式。现在许多消费者通过电话询问有关产品或服务的信息，并进行购买活动。

（三）电视直销

电视直销是营销人员通过在电视上介绍产品，或赞助某个推销商品的专题节目，开展营销活动。在我国，电视是最普及的媒体，电视频道也较多，许多化妆品企业在电视上进行营销活动。

（四）直接反应印刷媒介

直接反应印刷媒介通常是指在杂志、报纸和其他印刷媒介上做直接反应广告，鼓励目标成员通过电话或回函订购，从而达到提高销售的目的，并为顾客提供咨询等服务。

（五）直接反应广播

广播既可作为直接反应的主导媒体，也可以与其他媒体配合，使顾客对广播进行反馈。随着广播行业的发展，广播电台的数量越来越多，专业性越来越强，有些电台甚至主要针对某个特别的或高度细分的小群体，这为直接营销者寻求精确目标指向提供了机会。

（六）网络营销

网络营销是营销人员通过互联网、传真等电子通信手段开展营销活动。目前，大多数化妆品企业已在网上开始了其营销业务。

（七）专营店铺

专营店铺是专门销售自己生产的或厂家生产的产品的直销形式。

（八）层层营销

层层营销是经销商招聘直销员层层推销、层层购买、层层分享的直销方式。

上述几种直接营销方式可以单一运用，也可以结合运用。

四、化妆品企业直接营销的特点

（一）目标顾客选择更精确

直接营销的人员可以从顾客名单和数据库中的有关信息中，挑选出有可能成为自己顾客的人作为目标顾客，然后与单个目标顾客或特定的商业用户进行直接的信息交流，从而使目标顾客更精确、沟通更有针对性。

（二）强调与顾客的关系

直接营销活动中，直接营销人员可根据每一个顾客的不同需求和消费习惯进行有针对性的营销活动。这将与顾客形成一对一的双向沟通，与顾客保持良好的关系。各种研究表明，消费者大部分购买化妆品的行为属于有计划地购买。直接营销人员深知顾客不会被动地待在家中等着广告的到来。所以，他们总是集中全力刺激消费者的无计划购买或冲动型购买，为消费者立即反应提供一切便利。

（三）激励顾客立即反应

化妆品企业通过激励性广告使顾客立即采取某种特定行动，并为顾客立即反应提供了尽可能的便利，使人性化的直接沟通即刻实现。

（四）营销战略的隐蔽性

直接营销战略不是大张旗鼓进行的，因此不易被竞争对手察觉，即使竞争对手有所察觉也为时已晚，因为直接营销广告和销售是同时进行的。

（五）关注顾客终身价值和长期沟通

直接营销将企业的客户（包括最终客户、分销商和合作伙伴）作为最重要的企业资源，通过完善的客户服务和深入的客户分析来满足客户的需求，关注实现顾客的终身价值。

五、化妆品企业直接营销的优势和缺陷

（一）化妆品企业直接营销的优势

化妆品企业的传统营销费用包括推销费用、广告媒体费用、仓储费用、渠道费用等，管理和销售成本十分高，而直接营销在一定程度上降低了各项费用，提高了效率。

1.符合营销业向服务业转变的发展方向

直接营销剔除了中间商加价环节，从而降低了商品价格；同时让顾客不用出门就可以购物，大大降低了他们的时间、体力和精神成本。

2.符合个性化服务的发展方向

相较于逛街购物，现代人更愿意把宝贵的时间投入到工作、学习、交际、运动、休闲等事情中，而直接营销的电话（或网络）订货、送货上门的方式为顾客的购物提供了极大的便利。

3.符合化妆品企业以销定产的发展方向

通过直接营销，化妆品生产商可根据每位顾客的特殊需要定制产品，从而为顾客提供完全满意的商品。

（二）化妆品企业直接营销的劣势

1.产品的局限性

每个化妆品直销企业都有自己的核心产品，但一般品牌单一。

2.产品价格高

虽然直销省去了传统流通渠道，但是直销的化妆品并不便宜。化妆品企业只有保证直销商的利润，才能调动其积极性，这样就必须把产品的价格提高。而直销商要把高价的产品推销出去，就要把产品"神化"，甚至把公司和直销都"神化"。

3.销售的"压迫性"

世界上 95%的人不喜欢推销，而 99%的人不喜欢被人推销。这是直销的"销"字致命的缺点。直销商在向顾客推销产品的时候，很多人都有防备心理，先放一堵墙，以免受伤害。

第三节　化妆品企业绿色营销策略

一、绿色营销的概念

英国威尔士大学肯·毕提（Ken Peattie）教授在其所著的《绿色营销——化危机为商机的经营趋势》一书中指出："绿色营销是一种能辨识、预期及符合消费的社会需求，并且是可带来利润及永续经营的管理过程。"

绿色营销是指企业以环境保护为经营指导思想，以绿色文化为价值观念，以消费者的绿色消费为中心和出发点的营销观念、营销方式和营销策略。它要求企业在经营中贯彻自身利益、消费者利益和环境利益相结合的原则。

从这些界定中可知，绿色营销是以满足消费者和经营者的共同利益为目的的社会绿色需求管理，以保护生态环境为宗旨的绿色市场营销模式。

绿色营销不是一种诱导顾客消费的手段，也不是企业塑造公众形象的"美容法"，它是一个导向持续发展、永续经营的过程，其最终目的是在化解环境危机的过程中获得商业机会，在实现企业利润和消费者满意的同时，达成人与自然的和谐相处，共存共荣。

绿色营销是适应 21 世纪的消费需求而产生的一种新型营销理念，也就是说，绿色营销还不能脱离原有的营销理论基础。因此，绿色营销模式的制定和方案的选择及相关资源的整合还无法也不能脱离原有的营销理论基础，可以说绿色营销是在人们追求健康、安全、环保的意识形态下所发展起来的新的营销方式和方法。

二、绿色需求

目前，西方发达国家对于绿色产品的需求非常广泛，而发展中国家由于资金、消费导向以及消费质量等原因，还无法真正实现对所有消费需求的绿化。

不少发达国家已经通过各种途径和手段，包括立法等，来推行和实现全部产品的绿色消费，从而培养了极为广泛的市场需求基础，为绿色营销活动的开展打下了坚实的基础。目前，绿色环保化妆品的市场潜力巨大，市场需求非常广泛。

（一）绿色需求是人类社会发展的产物

人类的工业文明仅仅经历了一百多年的历史，就让地球付出了沉重的代价，同时也影响了人类的正常生活。随着资源短缺、环境进一步恶化、淡水枯竭、大气层被破坏、地球变暖等生态及环保问题的加剧，人们开始将生态观念——健康、安全、环保三位一体的观念扎根于自己的思维理念中，继而形成习惯，也就是绿色习惯，从而由绿色习惯催生出绿色需求。纯天然植物成分、无污染、对环境友好的化妆品也成了人们的首选。

（二）绿色需求是人类追求高品质及高品位生活的必然结果

马斯洛（Abraham H. Maslow）的需求层次理论说明人类的社会需求具有层次性。当人们已经不再为基本需求而奔波的时候，就开始追求生存质量和生活质量，生存质量的追求表现在更加注重社会生态环保问题，生活质量的追求表现在倾向于消费无公害产品、绿色产品。这些产品本身所具有的特点，使人们在消费过程中更能得到品质的满足和品位的提升。而对绿色、环保的化妆品的需求也是人们在生存质量和生活质量得到满足的情况下的更高层次的需求。

（三）绿色需求是新型消费观念形成的产物

新的消费观念的兴起要求人们在满足基本消费的同时，考虑基本消费所带来的附加值。比如，环保人士在购买防晒霜的时候已经在考虑对海洋的污染，人们开始关注不同化妆品对人体健康等方面的影响，这些都是新的消费观念对于传统需求的冲击。事实上，随着人们生态环保观念的增强，不少人已经自愿拒绝非绿色化妆品，这些人心甘情愿地站在绿色消费立场上，为人类社会的可持续发展买单，具有高度的前瞻性。

三、化妆品企业绿色营销策略的计划与实施

（一）绿色营销观念

绿色营销观念是化妆品企业在绿色营销环境条件下进行生产经营的指导思想。传统营销观念认为，企业在市场经济条件下的生产经营，应当时刻关注与研究的中心问题是消费者需求、企业自身条件和竞争者状况三个方面，并且认为只要满足消费者需求、改善企业条件、创造比竞争者更有利的优势，便能取得良好的市场营销成效。而绿色营销观念却在传统营销观念的基础上增添了新的思想内容。

绿色营销要求化妆品企业在深入进行目标市场调研的基础上，对企业产品和品牌进行合理的市场定位，分析潜在市场容量和潜在顾客购买能力，对绿色营销资源有效整合，发挥绿色营销独特的作用，扬长避短，实现绿色营销的综合效益最大化。

（二）绿色产品策略

绿色产品是指对社会、对环境改善有利的产品，或称无公害产品。这种绿色产品与传统同类产品相比，至少具有下列特征：

（1）产品的核心功能既能满足消费者的传统需要，符合相应的技术和质量标准，又能对社会、自然环境和人类身心健康有利，符合有关环保和安全卫生的标准。

（2）产品的实体部分应减少资源的消耗，尽可能利用再生资源。产品实体中不应添加危害环境和人体健康的原料、辅料。在产品制造过程中应消除或减少废水、废渣和废气对环境的污染。

（3）产品的包装应减少对资源的消耗，包装的废弃物应尽可能循环利用。

（4）产品生产和销售的着眼点，不在于引导消费者大量消费，而是指导消费者正确消费，建立新的生产美学观念。

（三）绿色价格策略

首先，绿色产品具有较高附加值，拥有优良的品质，在健康、安全、环保等方面都具有普通产品无法比拟的优势。

在价格策略上，绿色产品由于支付了相当昂贵的环保成本，在产品选材及设计上具

有独特性和高要求，因此具有普通产品无法比拟的高附加值，其价格比普通产品高是极为正常的。绿色产品成本中应计入产品环保的成本，主要包括以下四方面：

（1）在产品开发中，因增加或改善环保功能而支付的研发经费。

（2）在产品制造中，因研制对环境和人体无污染、无伤害的成分而增加的工艺成本。

（3）使用新的绿色原料、辅料而可能增加的资源成本。

（4）实施绿色营销而可能增加的管理成本、销售费用。

但是，产品价格的上涨是暂时的，随着科学技术的发展和各种环保措施的完善，绿色产品的制造成本会逐步下降，趋向稳定。企业制定绿色产品价格，一方面应当考虑上述因素，另一方面还应注意到，随着人们环保意识的增强，消费者经济收入的增加，消费者对商品可接受的价格观念会逐步与消费观念相协调。

另外，化妆品企业在对绿色产品进行定价时，应该遵循一般产品定价策略。根据市场需求、竞争情况、市场潜力、生产能力和成本、仿制的难易程度等因素综合考虑。企业要注重市场信息收集和分析，分析消费者的绿色消费心理，制订合理、可行的绿色价格方案。

（四）绿色渠道策略

化妆品企业开展绿色营销，其绿色营销渠道的畅通最关键。绿色营销渠道是绿色产品从生产者转移到消费者所经过的通道。化妆品企业只有充分保障绿色产品物流、商流、价值流、信息流的畅通无阻，才能最终卖出产品，实现绿色营销。

企业实施绿色营销必须从以下四方面做出努力：

（1）启发和引导中间商的绿色意识，与中间商建立恰当的利益关系，不断发现和选择热心的营销伙伴，逐步建立稳定的营销网络。

（2）注重营销渠道相关环节的工作。为了真正实施绿色营销，应从绿色交通工具的选择，绿色仓库的建立，绿色装卸、运输、贮存、管理办法的制定与实施等方面发力，认真做好畅通绿色营销渠道的一系列基础工作。

（3）尽可能建立短渠道、宽渠道，减少渠道资源消耗，降低渠道费用。

（4）企业可以开设一些绿色专营店作为辅助，确保专营店"纯绿色经营"，这对于建立产品的绿色信誉，确保消费者对绿色产品的认知，具有较大作用。

（五）绿色促销策略

绿色促销就是围绕绿色产品而开展的各项促销活动的总称。其核心是通过相关活动树立企业绿色健康形象，丰富企业绿色营销内涵，促进绿色产品推广和消费。

绿色促销的主要手段有以下三种。

1.绿色广告

通过广告对产品进行绿色功能定位，引导消费者理解并接受广告诉求。在绿色产品的市场投入期和成长期，通过量大、面广的绿色广告，营造市场营销的绿色氛围，激发消费者的购买欲望。

2.绿色推广

通过营销人员的绿色推销和营业推广，从销售现场到推销实地，直接向消费者宣传、推广产品绿色信息，讲解、示范产品的绿色功能，回答消费者绿色咨询，宣讲绿色营销的各种环境现状和发展趋势，刺激消费者的消费欲望。同时，通过试用、馈赠、竞赛、优惠等策略，激发消费者的兴趣，促成购买行为。

3.绿色公关

通过企业公关人员参与一系列公关活动，如发表文章、公开演讲、播放影视资料、社交联谊、参与环保公益活动、赞助等，广泛与社会公众进行接触，增强公众的绿色意识，树立企业的绿色形象，为绿色营销建立广泛的社会基础，促进企业的绿色发展。

（六）绿色服务

随着社会经济的不断发展，服务已经由原来的营销辅助功能转变为创造营销价值的功能。针对绿色营销而开展的绿色服务更是必不可少，它将为绿色营销最终价值的实现发挥极其重要的作用。

绿色营销更应该建立绿色服务通道。这一通道的建立将发挥以下功能：

（1）传播绿色消费观念，减少绿色消费误区；

（2）真正从专业化的角度解决消费者在绿色消费中出现的问题，指导消费者进行纯绿色消费；

（3）实现绿色产品价值再造。通过绿色服务，减少资源浪费、节约物质消耗、降低环保成本、综合利用资源，实现绿色产品在绿色服务中的价值最大化。

（七）绿色管理

化妆品企业只有通过绿色管理原则，建立绿色发展战略，实施绿色经营管理策略，制订绿色营销方案，才能加快绿色企业文化的形成，推动企业绿色技术发展，生产出满足公众需求的绿色产品，实现社会和企业经济的可持续发展。

绿色营销观要求企业家有全局、长远的发展意识。化妆品企业在制定发展规划，进行生产、营销决策和管理时，必须时刻注意绿色意识的渗透，从"末端治理"这种被动的、高代价的解决环境问题的途径转向积极的、主动的、精细的环境治理。在可持续发展目标下，调整自身行为，从单纯追求短期最优化目标转向追求长期持续最优化目标，将可持续性目标作为企业的基本目标。

技术进步创造了一个全新的数字化时代，因特网的广泛使用以及其他一些强有力的技术对营销人员和消费者都产生了很大的影响。许多过去通用的营销战略——大众化营销、产品标准化营销、媒体广告营销、商店零售以及其他战略已经不能完全适应现在的情况。营销人员还需要开发新的营销战略，使营销能够适应全新的环境。整合营销、直接营销、绿色营销等就是包括化妆品企业在内的所有企业为了适应新时代营销环境而进行的营销理念和实践的改变。

第八章　化妆品生产的监督管理规范

第一节　化妆品生产的监督管理

随着中国化妆品市场逐渐走向成熟，消费者在购买和使用化妆品时已经越来越多地意识到化妆品的安全远比美容本身更重要。近些年来，"天然"是化妆品宣传的最大卖点，含天然成分的个人护理品的消费需求持续增长。植物化妆品是天然化妆品中以植物为原料，经过提取、分离加工成各种植物提取物和单体，再加适当的基质复配成各种类型的化妆品的统称。由于植物活性成分具有功效好、副作用小的特点，所以植物化妆品越来越受到消费者的青睐。崇尚绿色、回归自然已成为化妆品产业的发展趋势。随着化妆品行业的快速发展，有关化妆品企业的生产管理及营销的市场管理的法律法规，化妆品产品质量的评价与检测标准也逐步走向规范。

20世纪80年代，中国的化妆品法律法规体系基本形成，经过不断的发展与完善，目前已经形成了具有中国特色的化妆品法律规范体系。中国对化妆品的管理主要由国家药品监督管理部门、市场监督管理部门联合监管。国家药品监督管理局主要负责对化妆品的安全进行管理，组织起草化妆品监督管理法规，拟订政策规划，协调化妆品安全检测与评估工作，组织开展对化妆品重大安全事故的调查与处理。国家市场监督管理总局根据《中华人民共和国工业产品生产许可证管理条例》负责化妆品企业生产许可证的发放和监督管理工作，并对化妆品的广告宣传进行监管，维护消费者权益。

我国化妆品分为普通化妆品和特殊化妆品，特殊化妆品包括用于染发、烫发、祛斑美白、防晒、防脱发的化妆品和宣称新功效的化妆品。特殊化妆品经国务院药品监督管理部门注册后方可生产、进口。

一、从事化妆品企业应具备的条件

（1）有与生产的化妆品品种相适应的生产场地、环境条件、生产设施设备。

（2）有与化妆品生产相适应的技术人员。

（3）有对生产的化妆品进行质量检验的检验人员和检验设备。

（4）有保证化妆品质量安全的管理制度。

（5）符合国家产业政策的相关规定。

二、化妆品生产许可类别

化妆品生产许可类别以生产工艺和成品状态为主要划分依据，划分为一般液态单元、膏霜乳液单元、粉单元、气雾剂及有机溶剂单元、蜡基单元、牙膏单元和其他单元，具体如表 8-1 所示。

表 8-1　化妆品生产许可类别

单元	类别
一般液态单元	护发清洁类
	护肤水类
	染烫发类
	啫喱类
膏霜乳液单元	护肤清洁类
	护发类
	染烫发类
粉单元	散粉类
	块状粉类
	染发类
	浴盐类
气雾剂及有机溶剂单元	气雾剂类
	有机溶剂类

单元	类别
蜡基单元	蜡基类
牙膏单元	牙膏类
其他单元	—

三、申报化妆品生产许可证所需资料

（1）化妆品生产许可申请表。

（2）厂区总平面图（包括厂区周围 30 m 范围内环境卫生情况）及生产车间（含各功能车间布局）、检验部门、仓库的建筑平面图。

（3）生产设备配置图。

（4）工商营业执照复印件。

（5）生产场所合法使用的证明材料（如土地所有权证书、房产证书或租赁协议等）。

（6）法定代表人身份证（或护照）复印件。

（7）委托代理人办理的，需递交申请企业法定代表人、委托代理人身份证明复印件和签订的委托书。

（8）企业质量管理相关文件，至少应包括质量安全责任人、人员管理、供应商遴选、物料管理（含进货查验记录、产品销售记录制度等）、设施设备管理、生产过程及质量控制（含不良反应监测报告制度、产品召回制度等）、产品检验及留样制度、质量安全事故处置等。

（9）工艺流程简述及简图（不同类型的产品需分别列出）；有工艺相同但类别不同的产品共线生产行为的，需提供确保产品安全的管理制度和风险分析报告。

（10）施工装修说明（包括装修材料、通风、消毒等设施）。

（11）证明生产环境条件符合需求的检测报告（检测报告应当是由经过国家相关部门认可的检验机构出具的一年内的报告），至少应包括：

①生产用水卫生质量检测报告。

②车间空气细菌总数检测报告。

③生产车间和检验场所工作面混合照度的检测报告。

④生产眼部用护肤类、婴儿和儿童用护肤类化妆品的，其生产车间的灌装间、清洁容器储存间空气洁净度应达到 30 万级要求，并提供空气净化系统竣工验收文件。验收文件包括空气净化系统竣工验收报告，空气净化系统设计图纸、主要设备清单及简述，空气洁净度检测报告（检测项目至少包括悬浮粒子、浮游菌、沉降菌、温度、湿度等）。

（12）企业按照《化妆品生产许可检查要点》开展自查并撰写的自查报告。

四、化妆品生产许可证申办流程

化妆品生产许可证申办流程具体如图 8-1 所示。

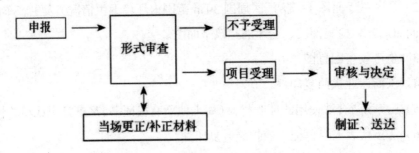

图 8-1 化妆品生产许可证申办流程

五、化妆品生产许可证的管理

化妆品生产许可证式样由国家药品监督管理局统一制定。分为正本和副本，正本、副本具有同等法律效力，有效期为五年。任何单位或者个人不得伪造、变造、买卖、出租、出借或者以其他形式非法转让化妆品生产许可证。化妆品生产企业应当按照化妆品生产许可证载明的许可项目组织生产，超出已核准的许可项目生产的，视为无证生产。同一化妆品生产场所，只允许申办一个化妆品生产许可证，不得重复申办。

第二节 化妆品卫生监督管理要求

一、化妆品生产企业卫生监督管理

（一）实行卫生许可证制度

国家对化妆品生产企业实行卫生许可证制度，依据相关规定，凡未取得化妆品生产企业卫生许可证的单位，不得从事化妆品生产。

1.特殊化妆品卫生批件申报资料

（1）国产特殊化妆品卫生许可申请表；

（2）省级卫生健康部门的初审意见；

（3）产品配方；

（4）功效成分、使用依据及功效成分的检验方法；

（5）生产工艺及简图；

（6）产品质量标准（企业标准）；

（7）省级卫生健康部门认定的化妆品检验机构出具的检验报告；

（8）国家卫生健康委员会认定的化妆品检验机构出具的检验报告；

（9）产品设计包装（含产品标签）；

（10）产品说明书样稿；

（11）有助于产品审评的其他资料，另附未启封的完整产品一件。

2.国产特殊化妆品卫生批件申报程序

审批工作程序分为四个步骤，即检验、受理、评审、批准。国产特殊用途化妆品要经过省级卫生健康部门初审，其申报审批程序如图8-2所示。

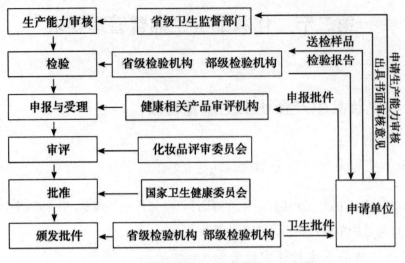

图 8-2　国产特殊化妆品卫生批件申报程序

（二）选址、设施和设备的卫生要求

（1）化妆品生产企业应建于环境卫生整洁的区域，周围 30 m 内不得有可能对产品安全性造成影响的污染源；生产过程中可能产生有毒有害因素的生产车间，应与居民区之间有不少于 30 m 的卫生防护距离。

（2）生产厂房、设施的设计和构造应最大限度地保证对产品的保护；便于进行有效清洁和维护；保证产品、原料和包装材料的转移，不致产生混淆。

（3）厂区规划应符合卫生要求，生产区、非生产区设置应能保证生产连续性且不得有交叉污染。

（4）生产厂房的建筑结构宜选择钢筋混凝土或钢架结构等，以具备适当的灵活性；不宜选择易漏水、积水、长霉的建筑结构。

（5）生产企业应具备与其生产工艺、生产能力相适应的生产、仓储、检验、辅助设施等使用场地。

（6）生产车间布局应满足生产工艺和卫生要求，防止交叉污染。

（7）生产过程中产生粉尘或者使用易燃、易爆等危险品的，应使用单独生产车间和专用生产设备，落实相应卫生、安全措施，并符合国家有关法律法规规定。

（8）动力、供暖、空气净化及空调机房、给排水系统和废水、废气、废渣的处理系统等辅助建筑物和设施应不影响生产车间的卫生。

（9）生产车间的地面、墙壁、天花板和门、窗的设计和建造应便于保洁。

（10）生产车间的物流通道应宽敞，采用无阻拦设计。

（11）用玻璃墙将参观走廊的生产车间与生产区隔开，防止污染。

（12）屋顶房梁、管道应尽量避免暴露在外。

（13）仓库内应有货物架或垫仓板，库存的货物码放应离地、离墙 10 cm 以上，离顶 50 cm 以上，并留出通道。

（14）生产车间更衣室应配备衣柜、鞋架等设施，换鞋柜宜采用阻拦式设计。

（15）制作间、半成品储存间、灌装间、清洁容器储存间、更衣室及其缓冲区空气应根据生产工艺的需要经过净化或消毒处理，保持良好的通风和适宜的温度、湿度。

（16）生产车间工作面混合照度不得小于 200 lx，检验场所工作面混合照度不得小于 500 lx。

（17）厕所不得设在生产车间内部，应为水冲式厕所；厕所与车间之间应设缓冲区，并有防臭、防蚊蝇昆虫、通风排气等设施。

（18）生产企业应具备与产品特点、工艺、产量相适应、保证产品卫生质量的生产设备。

（19）提倡化妆品生产企业采用自动化、管道化、密闭化方式生产。

（20）根据产品生产工艺需要配备水质处理设备，生产用水水质及水量应当满足生产工艺的要求。

（21）生产过程中取用原料的工具和容器应按用途区分，不得混用，应采用塑料或不锈钢等无毒材质制成。

（三）原料和包装材料卫生要求

（1）原料及包装材料的采购、验收、检验、储存、使用等应有相应的规章制度，并由专人负责。

（2）原料必须符合国家有关标准和要求。

（3）各种原料应按待检、合格、不合格分别存放；不合格的原料应按有关规定及时处理，并有处理记录。

（4）经验收或检验合格的原料，应按不同品种和批次分开存放，并有品名、供应商名称、规格、批号或生产日期和有效期、入库日期等中文标识或信息；原料名称用代号或编码标识的，必须有相应的 INCI 名称（如有必须标注）或中文化学名称。

（5）对有温度、相对湿度或其他特殊要求的原料应按规定条件储存，定期监测，做好记录。

（6）库存的原料应按照先进先出的原则，有详细的入库、出库记录，并定期检查和盘点。

（7）包装材料中直接接触化妆品的容器和辅料必须无毒、无害、无污染。原料、包装材料和成品应分库（区）存放。易燃、易爆品和有毒化学品应当单独存放，并严格执行国家有关规定。

（四）从业人员的资质要求和卫生要求

1.管理者及从业人员的资质要求

（1）生产企业的管理者应熟悉化妆品有关卫生法规、标准和规范性文件，能按照卫生健康部门的有关规定依法生产，认真组织、实施化妆品生产有关的卫生规范和要求。

（2）直接从事化妆品生产的人员应经过化妆品生产卫生知识培训并经考核合格，身体健康并具有从业人员健康证明。

（3）从事卫生质量检验工作的人员应掌握微生物学的有关基础知识，熟悉化妆品的生产工艺和质量保证体系知识，了解与化妆品卫生有关的法律法规知识，上岗前应经卫生检验专业培训并通过省级卫生健康部门考核。

（4）从业人员每年培训不得少于一次，并有培训考核记录。培训内容包括相关法律法规知识、卫生知识、质量知识、化妆品基本知识、安全培训等。

2.个人卫生要求

（1）从业人员应按规定每年进行不少于一次的健康检查，必要时接受临时检查。新参加或临时参加工作的人员，应经健康检查取得健康证明后方可参加工作。

（2）应按规定开展从事有职业危害因素作业的人员健康监护。

（3）应建立从业人员健康档案。

（4）从业人员应保持良好的个人卫生。

（5）直接从事化妆品生产的人员不得戴首饰、手表以及染指甲、留长指甲，不得化浓妆、喷洒香水。

（6）禁止在生产场所吸烟、进食及进行其他有碍化妆品卫生的活动。操作人员手部有外伤时不得接触化妆品和原料，不得穿戴制作间、灌装间、半成品储存间、清洁容器储存间的工作衣裤、帽和鞋进入非生产场所，不得将个人生活用品带入生产车间。

（7）工作服应定期更换，保持清洁。每名从业人员应有两套或以上工作服。

生产操作过程中接触气溶胶、粉尘、挥发性刺激物的工序时应戴口罩。

（五）生产过程的卫生要求

（1）在化妆品生产过程中应当遵循企业卫生管理体系的相关规定，遵守相应的标准操作规程，按规程进行生产，并做好记录。

（2）生产操作应在规定的功能区内进行，应合理衔接与传递各功能区之间的物料或物品，并采取有效措施，防止操作或传递过程中的污染和混淆。

（3）生产中应定期监测生产用水中的 pH 值、电导率、微生物等指标。应定期维护水质处理设备并有记录，停用后重新启用的应进行相应处理并监测合格。

（4）产品的原料应当严格按照相应的产品配方进行称量、记录与核实。称量记录应明确记载配料日期、责任人、产品批号、批量和原料名称及配比量。配料、投料过程中使用的有关器具应清洁、无污染。对已开启的原料包装应重新加盖密封。

（5）生产设备、容器、工具等在使用前后应进行清洗和消毒，生产车间的地面和墙裙应保持清洁。车间的顶面、门窗、纱窗及通风排气网罩等应定期清洁。

（6）生产车间各功能区内不得存放与化妆品生产无关的物品，不得擅自改变功能区的用途。

（7）进入灌装间的操作人员、半成品储存容器和包装材料不应对成品造成二次污染。

（8）化妆品生产过程中的各项原始记录应妥善保存，保存期应比产品的保质期延长六个月，各项记录应当完整并有可追溯性。

（9）生产过程中应对原料、半成品和成品进行卫生质量监控。生产企业应具有微生物项目（包括菌落总数、粪大肠菌群、金黄色葡萄球菌、铜绿假单胞菌、霉菌和酵母菌等）检验的能力。

（10）半成品经检验合格后方可进行灌装。

每批化妆品投放市场前必须进行卫生质量检验，合格后方可出厂。产品的标识标签必须符合国家有关规定。

（六）成品贮存与出入库卫生要求

（1）产品贮存应有管理制度，内容包括与产品卫生质量有关的贮存要求，规定产品必需的贮存条件，确保贮存安全。

（2）未经自检的成品入库，应有明显的待检标志；经检验的成品，应根据检验结果，分别标注合格品或不合格品的标志，分开贮存；不合格品应贮存在指定区域，隔离封存，及时处理。

（3）成品贮存的条件应符合产品标准的规定，成品应按品种分批堆放。

（4）成品入库应有记录，内容包括生产批号、半成品及成品检验结果编号。

（5）产品出库须做到先进先出。出库前，应核对产品的生产批号和检验结果。出库应有完整记录，包括收货单位和地址、发货日期、品名、规格、数量、批号等，并对运输车辆的卫生状况进行确认。

（6）定期将出库记录、销售记录按品名和数量进行汇总，记录至少应保存至超过化妆品有效期六个月。不合格品运出仓库进行处理应有完整记录，包括品名、规格、批号、数量、处理方式、处理人。

仓库应设立退货区，用于储存退货产品，退货产品应有明显标记并有完整记录。退货经检验后，方可进入合格品区或不合格品区，不合格产品应及时处理并做好记录。

二、化妆品经营卫生监督管理

（一）化妆品销售过程中的卫生管理规定

为了保障消费者的健康，法律规定化妆品经营单位和个人不得销售下列化妆品：

（1）未取得化妆品生产企业卫生许可证的企业所生产的化妆品。

（2）无质量合格标记的化妆品。

（3）标签、小包装或者说明书不符合产品出厂法定要求的化妆品。

（4）未取得批准文号的特殊化妆品。

（5）超过使用期限的化妆品。

（二）进口化妆品在我国的卫生规定

我国对进口化妆品做了专门的规定，规定首次进口的化妆品进口单位必须提供该化妆品的说明书、质量标准、检验方法等有关资料和样品，以及出口国（地区）批准生产的证明文件，经国家卫生健康部门批准，方可签订进口合同；进口的化妆品必须经国家商检部门检验，检验合格方可进口。

进出口化妆品必须经过标签审核，取得进出口化妆品标签审核证书后方可报检。化妆品标签审核，是指对进出口化妆品标签中标示的反映化妆品卫生质量状况、功效成分等内容的真实性、准确性进行符合性检验，并根据有关规定对标签格式、版面、文字说明、图形、符号等进行审核。

进出口化妆品的经营者或其代理人应在报检前 90 个工作日向国家相关部门提出标签审核申请。申请进出口化妆品标签审核还需提供化妆品功效及其相关证明材料，检验方法、产品配方、生产企业产品质量标准，产品在生产国（地区）允许生产、销售的证明文件等材料。

第三节　化妆品包装与标识的要求

一、化妆品包装

化妆品包装所用材料多种多样，难以对各类包装分门别类地作出规定。因此，仅对其作原则规定，即要求化妆品的直接容器材料必须无毒，不得含有或释放可能对使用者造成伤害的有毒物质。

二、化妆品标识

化妆品标识是指用以表示化妆品名称、品质、功效、使用方法、生产和销售者信息等有关文字、符号、数字、图案以及其他说明的总称。

（一）标签的形式

化妆品标签通常有以下几种形式：①直接印刷或粘贴在产品容器上的标签。②小包装上的标签。③小包装内放置的说明性材料。

（二）基本原则

化妆品标识应当真实、准确、科学、合法。标注内容应简单明了、通俗易懂，不应有夸大和虚假的宣传内容，不应使用医疗用语或易与药品混淆的用语。

（三）化妆品标识的主要内容

（1）化妆品标识应当真实、准确、科学、合法。

（2）化妆品标识应当标注化妆品名称。化妆品名称应标注在包装的主视面。化妆品名称一般由商标名、通用名和属性名三部分组成，并符合下列要求：①商标名应当符合国家有关法律、行政法规的规定。②通用名应当准确、科学，不得使用明示或者暗示医疗作用的文字，但可以使用表明主要原料、主要功效成分或产品功能的文字。③属性名应当表明产品的客观形态，不得使用抽象名称；约定俗成的产品名称，可省略其属性名。国家标准、行业标准对产品名称有规定的，应当标注标准规定的名称。

（3）化妆品标注"奇特名称"的，应当在相邻位置，以相同字号，按照相关规定标注产品名称，不得违反国家相关规定和社会公序良俗。

（4）化妆品标识应当标注化妆品的实际生产加工地。化妆品实际生产加工地应当按照行政区划至少标注到省级地域。

（5）化妆品标识应当标注生产者的名称和地址。生产者的名称和地址应当是依法登记注册、能承担产品质量责任的生产者的名称、地址。

（6）化妆品标识应当清晰地标注化妆品的生产日期和保质期或者生产批号和限期

使用日期。

（7）化妆品标识应当标注净含量。净含量的标注依照《定量包装商品计量监督管理办法》执行。

（8）化妆品标识应当标注全成分。标注方法及要求应当符合相应的标准规定。

（9）化妆品标识应当标注企业所执行的国家标准、行业标准号或者经备案的企业标准号。化妆品标识必须含有产品质量检验合格证明。

（10）化妆品标识应当标注生产许可证标志和编号。生产许可证标志和编号应当符合《中华人民共和国工业产品生产许可证管理条例实施办法》的有关规定。

（11）化妆品根据产品使用需要或者在标识中难以反映产品全部信息时，应当增加使用说明。使用说明应通俗易懂，需要附图时须有图例。

（四）化妆品标识中不能有的内容

（1）夸大功能、虚假宣传、贬低同类产品的内容。

（2）明示或者暗示具有医疗作用的内容。

（3）容易给消费者造成误解或者混淆的产品名称。

其他法律、法规和国家标准禁止标注的内容。

参 考 文 献

[1] 白景瑞，滕进.化妆品配方设计及应用实例[M].北京：中国石化出版社，2001.

[2] 蔡晶.化妆品质量检验[M].北京：中国计量出版社，2010.

[3] 陈金芳，陈启明，成忠兴，等.化妆品工艺学[M].武汉：武汉理工大学出版社，2001.

[4] 陈秋荣.黄酮类化合物药理作用的分析[J].中国实用医药，2012，7（21）：254-255.

[5] 董银卯.化妆品[M].北京：中国石化出版社，2000.

[6] 杜志云，林丽，邓玉川.姜黄素的生物活性及其在化妆品中的应用[J].中国洗涤用
品工业，2005（4）：64-66.

[7] 方洪添，谢志洁，郭昌茂.化妆品生产安全常识[M].广州：羊城晚报出版社，2018.

[8] 冯冰，何聪芬，赵华.生物技术在提高化妆品功效及功效检测中的应用[J].日用化
学品科学，2006（9）：29-32.

[9] 付永山.化妆品生产实用技术[M].成都：四川科学技术出版社，2018.

[10] 谷建梅.化妆品安全知识必读[M].2版.北京：中国医药科技出版社，2021.

[11] 谷建梅.化妆品安全知识读本[M].北京：中国医药科技出版社，2017.

[12] 韩长日，宋小平.化妆品生产工艺与技术[M].北京：科学技术文献出版社，2019.

[13] 韩长日，宋小平.化妆品制造技术[M].北京：科学技术文献出版社，2008.

[14] 何秋星.化妆品制剂学[M].北京：中国医药科技出版社，2021.

[15] 黄荣.化妆品制备基础[M].成都：四川大学出版社，2015.

[16] 康亚兰，裴瑾，蔡文龙，等.药用植物黄酮类化合物代谢合成途径及相关功能基因
的研究进展[J].中草药，2014，45（9）：1336-1341.

[17] 李东光.实用化妆品生产技术手册[M].北京：化学工业出版社，2001.

[18] 李凯利，何一波，祝愿，等.化妆品常用防腐剂及发展趋势[J].中国洗涤用品工业，
2022（7）：82-88.

[19] 李岚，孔繁瑶，朱盈，等.我国化妆品安全风险信息交流机制分析与思考[J].中国
药物警戒，2021，18（8）：769-771+775.

[20] 李浙齐.精细化工实验[M].北京：国防工业出版社，2009.

[21] 梁亮.精细化工配方原理与剖析[M].北京：化学工业出版社，2007.

[22] 刘华钢.中药化妆品学[M].北京：中国中医药出版社，2006.

[23] 刘卉.化妆品应用基础[M].北京：中国轻工业出版社，2006.

[24] 刘玮，张怀亮.皮肤科学与化妆品功效评价[M].北京：化学工业出版社，2004.

[25] 刘毅.化妆品新活性成分的安全性评价[J].北京日化，2015（3）：18-21.

[26] 马锐，吴胜本.中药黄酮类化合物药理作用及作用机制研究进展[J].中国药物警
戒，2013（5）：286-290.

[27] 漆伟，雷伟，严亚波，等.冬虫夏草药理学作用的研究进展[J].环球中医药，2014，
7（3）：227-232.

[28] 秦钰慧.化妆品管理及安全性和功效性评价[M].北京：化学工业出版社，2007.

[29] 邱红燕.浅谈中国化妆品发展趋势[J].家庭生活指南，2019（7）：296.

[30] 裘炳毅，高志红.现代化妆品科学与技术（中册）[M].北京：中国轻工业出版社，
2016.

[31] 冉国侠.化妆品评价方法[M].北京：中国纺织出版社，2011.

[32] 任欢鱼.藏药在化妆品中的应用[J].日用化学品科学，2014，37（2）：28-30.

[33] 孙绍曾.新编实用日用化学品制造技术[M].北京：化学工业出版社，1996.

[34] 唐丽华.精细化学品复配原理与技术[M].北京：中国石化出版社，2008.

[35] 王刚力，邢书霞.化妆品安全性评价方法及实例[M].北京：中国医药科技出版社，
2020.

[36] 王培义.化妆品：原理·配方·生产工艺[M].4 版.北京：化学工业出版社，2023.

[37] 王苗.中国化妆品发展新趋势[J].日用化学品科学，2021，44（11）：1-5.

[38] 武彦文，高文远，苏艳芳，等.火绒草属植物的化学成分和药理活性研究进展[J].
中国中药杂志，2005（4）：245-248.

[39] 夏红旻，孙立立，孙敬勇，等.地榆化学成分及药理活性研究进展[J].食品与药品，
2009，11（7）：67-69.

[40] 徐阳，段文锋.化妆品质量检验[M].北京：中国质检出版社，2016.

[41] 闫钇岑，刘玮，田燕，等.从皮肤科视角看化妆品监管科学体系的发展与未来[J].
中国皮肤性病学杂志，2021，35（1）：1-6.

[42] 俞晨秀.化妆品正确识别和选用[M].北京：中国医药科技出版社，2013.

[43] 张兵武.化妆品品牌营销实务[M].广州：南方日报出版社，2003.

[44] 张志红，杨璐敏，邰丽梅，等.冬虫夏草生理活性成分的研究进展[J].中国食用菌，2014，33（4）：1-4.

[45] 章苏宁.化妆品工艺学[M].北京：中国轻工业出版社，2007.

[46] 朱曼萍.大花红景天的化学成分及质量研究[D].北京：北京中医药大学，2007.

[47] 朱薇.化妆品安全监管实务[M].北京：中国医药科技出版社，2017.